나와는 너무 다른
내 아이

여는 글

우리에게 주어진 부모라는 이름표

어른들의 세상에서 사는 부모들은 아이들의 세상을 다 바라보지 못해 온전히 이해할 수 없다. 내 아이지만 그 마음을 다 알지 못한다. 나와는 너무 다르기 때문이다.

아이의 마음속에도 수많은 감정이 있다. 부모가 느끼는 다양한 감정들을 아이들도 똑같이 느끼며 자란다. 그런데 가끔 예측을 벗어난 돌발적인 아이들의 행동이 부모를 당황하게 하기도 하고 화가 나게 하기도 하며, 안절부절못하게 만들기도 한다. 아이의 행동은 어떤 마음에서 나오는 것일까? 아이는 자신의 마음을 온전히 다 표현하지 못해서 그 마음을 부모에게 이해시키지 못한다. 그래서 아이들의 마음은 답답하기만 하다.

살아가며 드는 많은 생각들, 관계 속에서 느끼는 다양한 감정들은 어른들만의 것이 아니다. 어린아이들도 어른들이 느끼는 것을 똑같이 느낀다. 다만 어른들처럼 말로 자세히 표현할 능력이 없을 뿐이다. 부모는 아이들에게 우주와 같은 존재다. 아이들이 그렇게 표현하지 못해도 아이들의 깊은 마음속에 부모는 우주라는 상징이 된다.

우리는 흔히 부모는 희생하고 참아주고 끊임없는 사랑을 준다고 생각한다. 그러나 어린아이들도 부모들을 위해 참을 때도 있고 미숙한 방법이지만 사랑을 표현할 때도 있다. 자기의 마음을 다 들키면 안 되는 무언의 규칙들을 어른들을 통해 배우고 있으므로 다 드러내지 못하기도 한다. 그렇게 아이들도 자기만의 세상을 가지고 있다.

어른들은 그러한 아이들의 마음을 알고 싶고 이해해주고 싶다. 아이의 기쁨도, 슬픔도 같이 하며 모든 감정에 공감해주고 싶다. 그렇지만 우리도 부모 역할을 해본 적이 없이 어느 날 갑자기 엄마 아빠라는 낯선 이름표를 가슴에 달아보니 이보다 더 무거운 책임의 무게도 없다는 것을 알게 되고, '어떻게 하면 더 좋은 부모가 될 수 있을까'라는 고민을 하게 된다. 당연한 일이다. 처음 해보는 걸 어찌 잘할 수 있을까. 그래서 부모도 매일 같이 자라며 성장해야 하는 의무를 지고 있다. 아이들을 양육하는 과정에서 시행착오를 경험했다면 실수를 반복하지 말아야 하며, 오늘은 어제보다 지혜로운 부모가 되어야 한다.

많은 부모의 건강한 고민의 무게를 함께 나누고 싶은 마음에 우리는 이 책을 시작하게 되었다. 우리 두 사람도 누구의 엄마라는 무거운 이름표를 가슴에 붙이고 살고 있다. 우리도 마찬가지로 많은 시행착오를 경험하며 여러 번의 후회와 자책도 경험했고 다른 부모들처럼 그렇게 어려운 시간을 보내왔다. 이러한 개인적 경험과 전문적인 지식, 그리고 다양한 아이들을 만났던 사례들을 통해 엄마와 심리 전문가라는 입장에서 많은 부모를 위해 실제로 힘이 되고 도움이 되는 이야기들을 나누고 싶었다.

다양한 성향을 지닌 아이들이 자란다. 모든 아이는 자기 나름의 개성과 색깔을 가지고 있고 어떤 성향이든 모두 귀하고 아름다운 희망의 존재들이다.

우리는 어린아이들을 양육하고 있는 젊은 부모들에게 '어떠한 정보가 가장 도움이 될까'의 문제를 오랫동안 고민하였고, 이러한 고민 끝에 다양한 성향을 지닌 아이들에 따라 모두 다르게 반응해주고 대화를 끌어내는 창의적이고 새로운 방법을 공유하는 것이 좋다는 것에 도달했다. 나와는 너무 다른 아이처럼 느껴질 때도 있지만 결국 내 안에 잠재된 모습을 내 아이가 보여주고 있는 것이다.

다양한 아이들의 성향과 행동, 그리고 다 표현하지 못하는 마음까지, 모든 실존적 지식과 방법들을 다루고자 하였다. 이 책에는 아이들의 성향에 따라 적합한 부모의 태도와 반응방식을 제시하면서, 동시에 부모가 알아차리기 어려운 아이의 마음을 쉽게 이해할 수 있는 즐거운 예술 활동과 그 시간을 통해 나누는 자연스럽고 부드러운 대화법까지 담겨 있다. 예술은 사람과 사람 사이의 소통을 완성해주는 강력한 도구이자, 가장 효과적인 소통언어이다. 부모와 아이가 생활 속에서 쉽게 시도해 볼 수 있는 예술을 통해 더욱 긴밀하게 소통하고 아이와 부모가 서로의 사랑을 다시 확인할 기회를 가질 수 있다.

더불어 아이를 이해하는 과정에서 많은 부모가 자신을 다시 이해하게 되는 통찰이 있기를 기대해본다. 아이를 통해 자신을 다시 보게 되고, 그렇게 부모도 아이들과 함께 자라고 성장할 수 있기를 소망한다.

엄마 아빠의 마음이 평온하고 행복을 쉽게 느낄 수 있다면 아이들의 정서는 걱정할 것이 없다. 아이들도 행복하게 자라날 것이다.

홍지영, 윤나라

예술 활동

예술 활동을 통해
아이들과 소통해 보세요

이 책에서 소개하는 아이와 함께하도록 구성된 예술 활동은 아이의 나이가 명확하게 기재되어 있지 않다. 엄마와 언어적 소통이 가능하고 자신의 감정을 어떤 방법으로든 표현할 수 있는 시기가 되면 모두 가능한 놀이이다. 그래도 나이에 따라 조금씩 활동을 소화하는 능력의 차이가 있기에 활동에 따라 충분히 잘 할 수도 있고 조금 어려울 수도 있다.

새로운 재료들을 준비하는 것이 번거롭게 느껴질 수도 있다. 그러나 새로운 미술 재료를 보고 탐색하는 것만으로도 아이들에게도, 어른들에게도 힐링의 효과가 있다. 큰 문구점에 들어간 순간부터 즐거운 마음이 든다면 더욱 반가운 소식이다. 준비의 과정이 조금 번거로울 수 있지만, 막상 내 손으로 준비해서 아이와 함께 상상력을 키우고 창의력을 강화하는 모든 과정과 다 마친 후에 오는 만족감과 기쁨은 분명 클 것이라고 분명히 말할 수 있다.

어른들도 마찬가지지만 특히 어린 아이들이 솔직한 마음을 말로 표현하는 것은 매우 어려운 일이다. 그러나 예술 활동을 통해서는 아이들의 마음이 쉽게 표현되는 특성이 있다. 자신의 감정을 예술 놀이를 통해 표현하는 경험을 하면서 자란 아이들의 정서는 건강할 수밖에 없다. 나를 표현하고 그 내용을 부모로부터 이해받고 존중받으며 자라는 아이들은 타인의 마음을 이해하고 공감해주는 성품을 가지고 자라날 것이다.

의식은 늘 우리의 마음을 억누르고 있지만, 예술은 우리의 어떤 감정에도 언제나 관대하기 때문이다.

나와는 너무 다른 내 아이

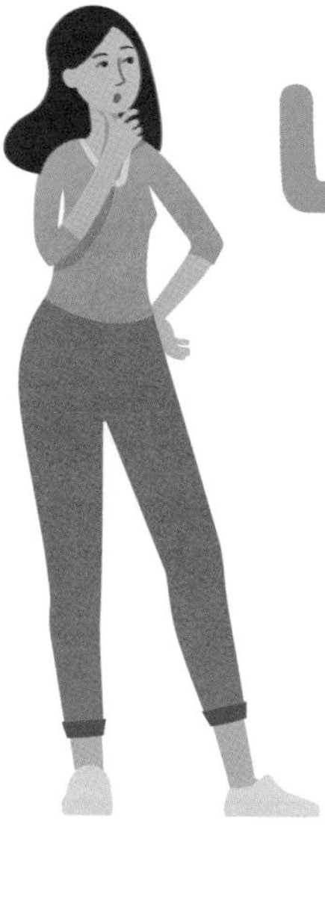

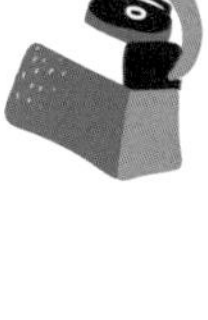

contents

여는 글
우리에게 주어진 부모라는 이름표 _ 003

예술 활동
예술 활동을 통해 아이들과 소통해 보세요 _ 007

chapter 01
나를 닮은 아이

- 내가 싫어하는 내 모습을 닮은 아이 _ 017
- 나를 이해하면 무엇이든지 잘할 수 있다 _ 019
- 엄마도 나만의 시간이 필요해 _ 022
- 좋은 점을 찾다 보면 예뻐 보인다 _ 024

프로그램 1. 내 마음 알아차리기 : 엄마 활동 (만다라 일기) _ 027
육아 칼럼 화내는 엄마 (아이에게 자꾸 버럭대요) _ 205

chapter 02
예민하고 소심한 아이 키우기

- 취급 주의, 조심조심 아이 키우기 _ 037
- 예민함을 타고난 아이 _ 039
- 새로운 자극이 필요한 아이(감각 방어 낮추기) _ 043
- 믿고 기다려 주는 부모가 되자 _ 048

프로그램 2. 촉감의 즐거움을 알기 : 엄마와 함께 하는 아이 활동 (Shall we paint?) _ 050
육아 칼럼 영유아기 뇌 발달 _ 054

chapter 03
분노 폭발, 욱하는 아이 키우기

• 욱하는 것도 학습된 것이다 _ 061
• 욱하지 않기 위한 감정조절 연습 _ 063
• 제한설정과 기다리기 _ 066

프로그램 3. 올바르게 표현하기 : 아빠와 함께하는 아이 활동 (신나는 신문지 놀이) _ 069
육아 칼럼 예민한 아이(어떻게 재워야 할까요?) _ 073

chapter 04
청개구리, 말 안 듣는 아이 키우기

• 고집부리기의 시작은 인지발달 과정 _ 079
• 말 안 듣는 아이의 속마음 _ 081
• 아이와 타협하기 _ 082
• 부적응 행동 원인 찾기 _ 085

프로그램 4. 속마음 표현하기 : 또래 친구와 함께 하는 아이 활동 (내가 무대의 주인공) _ 088
육아 칼럼 강아지를 무서워 하는 아이 (동물 포비아) _ 092

chapter 05
산만하고 부산스러운 아이 키우기

• 우리 아이는 왜 산만할까요 _ 097
• 산만함의 원인을 찾아보자 _ 098
• ADHD(주의력 결핍 과잉행동 장애)란? _ 100
• 아이들의 불안 낮추기 _ 102
• 제한 설정은 아이의 불안을 잠재운다 _ 106

프로그램 5. 새로운 흥미를 알기 : 엄마와 함께 하는 아이 활동 (내가 좋아하는 것 찾기) _ 109
육아 칼럼 놀이의 중요성(학원 뺑뺑이 괜찮은가요?) _ 114

contents

chapter 06
얌전하고 조용한 아이 키우기

- 조용하고 순한 우리 아이 _ 119
- 타고난 성격은 좋고 나쁜 것이 없다 _ 121
- 답답해도 아이의 속도에 맞춰보자 _ 124
- 내성적인 성격의 강점 _ 126
- 감정표현도 연습이 필요해 _ 127

프로그램 6. 인정받으며 자라기 : 아이 활동 (나의 우주) _ 132
육아 칼럼 사회 불안증(앞에 나가서 발표하는 것을 너무 힘들어해요) _ 137

chapter 07
느린 아이 키우기

- 답답해요 느린 아이키우기 _ 143
- 말이 느린 아이 _ 144
- 빨리하게 하려면 짧게 나누어 말하자 _ 148
- 작업기억 훈련하기 _ 152

프로그램 7. 순간집중을 즐기기 : 엄마 아빠와 함께하는 아이 활동 (북 치는 가족) _ 155
육아 칼럼 절차기억 사용하기 (영어든 줄넘기든 잘할 수 있다) _ 159

chapter 08
소통하는 사회성 좋은 아이로 키우기

- 사회성 좋은 아이란? _ 165
- 아이의 사회성은 아빠하기 나름 _ 169
- 감정이 무딘 아이 _ 172
- 마음 이론에 대하여 _ 175

프로그램 8. 공감 능력을 키우기 : 엄마와 함께하는 아이 활동 (너에게 주는 선물) _ 179
육아 칼럼 사회성 발달(엄마 껌딱지, 친구보다 엄마가 좋아요) _ 183

chapter 09
톡톡 튀는 창의적인 아이로 키우기

- 잘 노는 아이가 창의적이다 _ 189
- 자기 주도적인 아이 _ 192
- 디지털 기기는 최소한으로 _ 195
- 같은 책 반복 읽기로 상상의 나래 펼치기 _ 198
- 창의성은 어떻게 키울까? _ 201

프로그램 9. 다르게 보기 : 엄마와 함께하는 아이 활동 (낙서 놀이) _ 205
육아 칼럼 훈육과 체벌(꽃으로도 때리지 말라) _ 210

chapter 10
육아에 정답은 없다

- 엄마가 행복해야 아이도 행복할 수 있다 _ 215
- 충분히 좋은 엄마 _ 218
- 아이와 좋은 관계 맺기 _ 221
- 워킹맘과 애착 형성 _ 225

프로그램 10. 엄마의 자존감 높이기 : 엄마 활동 (자화상 작업) _ 228
육아 칼럼 동생이 생긴 언니 (엄마 뱃속으로 들어가고 싶어요) _ 232

chapter

01

나를 닮은 아이

나와는 너무 다른 내 아이

엄마처럼 하지 않겠다고 다짐하는 것은
어쩌면 엄마가 된 나의 마음속에 불안이
있는 것입니다. 그런 생각보다는 나는
어떤 엄마가 되겠다고 다짐하는 것이 훨씬
생산적인 발상입니다.

내가 싫어하는 내 모습을 닮은 아이

세상에 같은 사람이 없듯이 우리 아이들도 태어날 때부터 얼굴, 성격, 자라는 모습까지 모두 제각각입니다. 우리가 살면서 누구나 한 번쯤은 들어본 말이 있습니다.

"쟤는 누굴 닮아서 저래?"

누구를 닮겠어요? 엄마 아니면 아빠, 사실을 둘 다 닮은 거지요. 하지만 그만큼 아이를 키우면서 내 아이를 이해하기가 쉽지 않다는 것을 딱 집어 표현해주는 말인 것 같습니다. 가끔 우리 애는 거저 키웠다고 하시는 분도 있긴 하지만, 대부분 부모는 아이를 키우는 것이 그 어떤 일보다 기쁨을 주면서도 고민과 번뇌를 수없이 반복하게 하는 세상에서 가장 어려운 일이라고 생각하며 키웁니다. 그건 아마도 그 어떤 일보다 잘 해내고 싶고, 잘해야만 한다는 마음 때문일 것입니다.

임신하면 태어날 아기의 모습을 상상하게 되지요. 그러면 사람들은 자기 자신의 모습 중 스스로에게서 마음에 들지 않는 부분에 대해서 "이런 건 절대 안 닮았으면 좋겠어"라고 얘기하곤 합니다. 긍정적이고 자신감 넘치는 사람은 "이런 건 똑 닮았으면 좋겠어"라고 할 수도 있겠습니다. 막상 아이가 태어나면 뭐가 어떻든 너무나 사랑스럽습니다.

갓난아기 때는 나를 닮은 부분이 더 예뻐 보이기도 했던 것 같고 그렇든 아니든 다 예쁘겠지요. 하지만 시간이 흘러 아이가 커갈수록 키우기가 녹록지 않습니다. 육아에 치여 힘들어지면서 문득 아이에게서 마음에 들지 않는 부분이 눈에 들어옵니다. 특히 "이런 건 절대 안 닮았으면 좋겠어"라고 했던 건 슬프게도 똑 닮기 마련이고요. 애가 힘들게 하는데 그게 나를 닮은 모습일 때는 그 사실이 부모를 더 힘들게 합니다.

그렇지만 그건 결국 받아들여야 할 현실일 뿐입니다. 내 마음에 들지 않는다고 하더라도 어쩔 수 없지요. 차라리 단순하게 생각하는 것이 정신건강에 좋습니다. 적어도 그게 나의 모습이니 잘 관찰하면서 '내가 저렇구나, 저러지 말아야겠다'라고 생각하고 멋지게 실천으로까지 옮긴다면 그것은 부모의 발전을 위한 촉진제가 될 수 있습니다. 만약에 부모가 변화된 모습을 보인다면 굳이 그것에 대해 언급하지 않아도 아이는 달라질 것입니다. 부모는 아이의 거울이니까요. 아이들은 금방 배우고 빠르게 달라집니다.

많은 엄마는 '우리 엄마처럼 하지 말아야지'라고 생각합니다. 하지만 양육은 대물림됩니다. 엄마처럼 하지 않으려고 해도 내가 받은 양육이 내 몸에 배어 있어서 그렇게 하지 않으려면 엄청난 노력을 해야 합니다. 정확하게 '우리 엄마가 나한테 한 어떤 행동 또는 어떤 말을 나는 아이에게 하지 말아야겠다'라고 구체화해보는 것이 양육의 대물림을 끊을 방법입니다.

만약 너무 엄하고 처벌적인 양육을 받았기 때문에 자신의 아이에겐 따뜻하고 수용적인 엄마가 되겠다고 생각했다면 어떤 것들을 하고 하지 말아야 할지 노트에 적어봅시다. 어쩌면 엄마처럼 하지 않겠다고 하면서 훈육을 하지 않고 수용이란 이름으로 방임하게 될 수도 있으니까요. 훈육이란 아이를 키우는 데 꼭 필요한 부분입니다. 그런데 내가 받았던 훈육에 대한 나쁜 기억 때문에 훈육 자체를 피하는 것은 위험한 양육입니다. 처벌적인 훈육이 아닌 단호한 말과 행동을 통해 아이에게 필요한 부분은 가르치고 그렇게 해야 한다고 알려주어야 합니다.

엄마처럼 하지 않겠다고 다짐하는 것은 어쩌면 엄마가 된 나의 마음속에 불안이 있는 것입니다. 그런 생각보다는 나는 어떤 엄마가 되겠다고 다짐하는 것이 훨씬 생산적인 발상입니다. 우리 엄마의 양육방식이 나에게 어떤 영향을 미쳤는지 생각해보고, 좋았던 기억에 대한 부분은 나도 아이에게 똑같이 해줄 수도 있고, 내가 힘들었던 부분에 대해서는 나는 엄마와 다르게 이런 방식으로 해야겠다고 생각하는 것이 훨씬 더 유익합니다.

내가 불안하면 아이도 불안해집니다. 아이가 잘못될까 싶어 전전긍긍하는 것은 아이에게 고스란히 전해집니다. 아이를 믿고 내가 하기로 계획한 것을 해나가면 아이는 바르게 잘 자랄 수 있습니다.

나를 이해하면 무엇이든지 잘할 수 있다

'지피지기 백전불태'라는 말이 있습니다. 우리는 흔히 '지피지기 백전백승'이라고 알고 있지만요. 나를 알고 상대를 알면 백 번을 싸

워도 위태롭지 않다는 한자성어입니다. 대개 사람들은 자기에 대해 잘 알고 있다고 생각하지만 사실 나에 대해 아는 것은 상대방에 대해 잘 알기만큼 어렵습니다. 그러므로 나에 대해 잘 알고자 한다면 그것을 위한 시간과 노력이 필요합니다. 만약 한 번도 나를 되돌아보는 시간을 가지지 않았다면 나에 대해 잘 모르는 것이 이상한 일도 아닙니다.

아이를 키우는 엄마라면 자신에 대해 살펴보는 시간을 꼭 가져야 합니다. 육아를 하다 보면 생각이라는 것을 할 겨를이 없기는 하지만, 엄마는 아이에게 큰 우주입니다. 아이를 키우는 것은 육체적, 정신적으로 많이 지치는 일이기 때문에 자신을 돌보는 시간이 꼭 필요합니다. 아이는 엄마가 세상 전부이고 아이가 경험하는 세상의 많은 부분을 차지합니다. 그러므로 아이의 성장에 지대한 영향을 미치는 엄마가 우울하다거나 또는 신경질적이라면 아이는 우울한 세상, 히스테릭한 세상을 살아가게 되는 것이고, 그것은 발달에 나쁜 영향을 줄 수밖에 없습니다.

주변에서 가장 쉽게 볼 수 있는 경우는 엄마가 우울한데 본인은 그것을 모르고 있는 상황입니다. 그냥 '애 키우는 것이 힘들어서 내가 이렇지'라고 생각하지만, 사실 임신과 출산 초기에 분비되던 호르몬(옥시토신)의 양이 줄어들면 엄마는 우울증이 오기 쉽습니다. 엄마가 우울하면 일단 말이 없어지고 웃음이 줄어들게 됩니다. 그러면 아이는 언어적인 자극과 사회적인 자극(따뜻한 미소와 말 등)이 부족한 양육을 받게 됩니다. 이는 아이의 언어발달과 사회성발달에 악영향을 주게 되는 것입니다.

제가 만났던 어떤 엄마는 쌍둥이를 키우고 있었는데, 아이들이 두 돌이 되어도 말을 하지 않아서 언어에 문제가 있는지 걱정이 되어 찾아오셨습니다. 상담을 해보니 엄마는 둘을 키우는 것이 너무 힘들어서 아이들을 어린이집에 보내고 싶어 했지만, 아빠가 아이들이 너무 어리다고 못 보내게 해서 둘을 혼자 키우고 있었습니다. 두 명이 키워도 어렵다는 쌍둥이 육아를 혼자 하려니 엄마는 너무 힘들었고, 아이들에게 말을 걸 여유가 없었던 겁니다. 상담 후에, 아이들은 어린이집에 보내고 엄마는 자기를 돌볼 시간을 가지게 되었습니다. 아이들은 어린이집에서 다양한 언어적 자극을 받을 수 있어서 자연스럽게 말도 하게 되었습니다.

그렇다면 자신에 대해 이해하는 것은 어떤 과정이 필요할까요? 가장 쉬운 방법으로는 심리검사나 개인 상담을 받는 것입니다. 이 방법은 비용이 들기 때문에 부담스러우실 수도 있지만, 그래도 우울증이 걱정된다면 가까운 심리센터에 한 번 방문해보시는 것이 좋습니다. 우울증에 걸리면 자꾸 눈물이 난다거나, 잠을 잘 자지 못한다거나, 그냥 피곤하고 짜증이 나고 화가 나기도 하고, 식욕이 없어 살이 빠지거나 또는 살이 급격히 찔 수도 있습니다. 엄마가 우울하면 아이도 잘 자랄 수 없습니다. 아이와 자신을 위해 행복한 엄마가 되어야 합니다.

엄마도 나만의 시간이 필요해

저는 네일 꾸미는 것을 좋아합니다. 정확하게 말하면 좋아했었습니다. 첫 아이를 임신하고 낳아서 키우면서 그런 게 있었다는 사실조차 잊어버리고 살다가 아이가 세 살쯤 되었을 땐 집에 굴러다니는 매니큐어를 가끔 칠해보기도 했지만, 따로 네일샵에 가서 받을 시간은 없었던 것 같습니다. 그러다 둘째를 임신하고 다시 그런 것은 원래 없었던 것처럼 살아가고 있습니다.

하지만 제가 첫 아이를 키우면서 마음이 힘들어 상담을 받은 이후로 저는 나름대로 저를 돌보는 시간을 가지려고 노력합니다. 네일아트를 받으러 갈 여유가 없다면 혼자 커피를 마시는 시간이라도 가지려고 합니다. 다행히 저희 아이들은 잠은 잘 자는 편이라 아이들을 될 수 있는 대로 9시 정도에 재운 뒤에 12시까지 제 시간을 가집니다. 어떨 땐 심야 영화를 보러 가기도 하고 인터넷으로 쇼핑도 하고 가끔 친구랑 맥주를 한잔하기도 합니다.

아이가 너무 어리고 다른 도와줄 사람이 없다면 이런 시간을 갖고 싶어도 현실적으로 혼자 시간을 갖는 것이 어려울 수도 있습니다. 하지만 아이들에게 엄마의 시간을 가르치며 엄마만의 시간을 짧게나마 가져야 합니다. 처음엔 아이들도 어색해하지만 반복되다 보면 받아들이게 됩니다. 커피와 디저트를 준비하고 5분이라도 혼자 앉아 커피와 달콤한 것을 즐기다 보면 짧게나마 휴식을 취하고 지쳤던 마음에 쉼표를 찍고 다시 힘을 낼 수 있습니다.

주말엔 한 달에 한두 번은 아빠에게 아이를 맡기고 혼자 나가 머리 손질을 한다든지, 오랜만에 친구를 만나든지, 뭔가 내가 즐거울 만한 시간을 가지는 것이 좋습니다. 이것도 남편에게 아이를 온전히 맡기는 것이 못 미덥기도 하고 불안하기도 해서 마음이 불편할 수 있습니다. 어쩌면 아이를 맡기는 것이 불안해서 맡기지 못하거나 나갔다가 마음이 불편해 금세 들어올 수도 있습니다. 하지만 아빠도 아이의 부모입니다. 아빠도 아이를 온전히 볼 줄 알아야 하고 그걸 배울 수 있는 시간을 주어야 합니다. 불안하다면 그 전에 아빠에게 아이들을 돌보는 것에 대해 필요한 부분을 미리 가르쳐주고, 집에서 엄마의 시간을 가져봅니다. 그리고 가까운 곳부터 점점 나가보는 것도 좋은 방법이 될 것입니다.

아이를 키우다 보면 어떤 날은 세수도 깜빡할 정도로 자기를 돌볼 시간이 없기도 합니다. 특히 아이가 열이 나고 아프기라도 하는 날에는 잠도 못 자기 일쑤지요. 하지만 엄마도 엄마를 돌보는 시간을 가지고 에너지를 재충전해서 힘을 얻으면 그 힘으로 더 열심히 육아할 수 있게 되지 않을까요?

노트에 혼자만의 시간을 가질 수 있게 된다면 하고 싶은 일을 적어봅시다. 적어보는 것만으로도 입가에 미소가 번지는 흐뭇한 시간이 될 겁니다. 아이들이 엄마 품을 떠나면 언젠가 아쉬울 날이 오겠지만 지금은 자유를 바라는 엄마들 모두 파이팅입니다.

좋은 점을 찾다 보면 예뻐 보인다

자세히 보아야 예쁘다.
오래 보아야 사랑스럽다.
너도 그렇다.

나태주 시인의 풀꽃이라는 시입니다. 사실 자기 자식은 무조건 사랑스럽고 예쁘지요. 하지만 아이 때문에 힘들다고 생각하는 엄마 아빠는 아이의 장점을 물으면 선뜻 대답하지 못하기도 합니다. 아마 부모가 생각하는 아이의 문제 때문에 아이의 강점은 보지 못하고 있는 경우도 많습니다. 하지만 어떤 아이든 자신만의 강점이 있습니다.

그건 자기 자신에 대해서도 마찬가지입니다. 엄마의 24시간은 대부분 아이와 가족을 위해 할애됩니다. 잠깐의 여유시간에도 '다음 주엔 예방접종을 해야 하네', 또는 '오늘은 무슨 간식을 챙겨줘야 하나?' 등 아이를 위해, 가족을 위해 해야 할 일에 대해 생각합니다. 워킹맘은 다를까요? 그렇지 않습니다. 일할 때는 업무에 집중해야 하지만 오히려 전업주부보다 시간이 부족하므로 다른 생각을 할 여유가 더 없습니다. 그래서 자기에 대해 생각할 시간이 별로 없습니다. 그렇게 바삐 움직이며 살아가다 보면 "당신의 장점은 무엇입니까?"라는 질문을 받았을 때 머릿속이 멍해지면서 딱히 떠오르는 것이 없게 되는 것이지요.

저는 풀꽃 시를 보고 '나도 그런가?'라고 생각하며 입꼬리가 살짝 올라갔습니다. 다른 사람들도 마찬가지였겠지요. 누구든 자세히 보면 예쁜 구석이 있습니다. 그것은 그 사람만의 매력이 있다는 뜻이라고 생각합니다. 그것이 무엇이 되었든지 간에 말입니다. 그렇다면 다시 묻겠습니다.

"당신의 장점은 무엇입니까?"

처음엔 딱히 생각나는 것이 없을 수도 있습니다. 그렇다면 자기의 장점을 모르고 있는 것이죠. 그렇다면 곰곰이 생각해서 찾아내도록 합시다. 먼저 종이에 내가 생각하는 나의 장점에 대해 적어봅시다. 아주 작은 것이라도 좋습니다. 아마 글을 읽으시면서 머릿속으로 생각만 하고 직접 종이에 적어보진 않을 수도 있을 것 같아 다시 한번 말씀드리면 꼭 적어보는 것이 좋습니다. 왜냐하면, 내가 손으로 적고 내 눈이 그것을 읽는 과정을 거치는 것과 아닌 것은 차이가 크기 때문입니다. 처음엔 5개 정도 적기도 어려울 수도 있습니다. 하지만 나의 장점을 찾다 보면 분명 나도 좋은 점이 많은 사람이라는 것을 알게 될 것입니다.

아이를 키우다 보면 화가 나는 순간이 많고 그러다 보면 아이에게 화를 내고 자책하고 밤에 잠든 아이를 보면 미안함과 죄책감이 들고... 그런 일상이 반복되다 보면 '내가 참 못났구나'라는 생각이 들기도 합니다. 하지만 그런 생각은 육아에 별로 도움이 되지 않습니다. 아이에게 미안할 때는 진심을 담아 "미안해"라고 말하는 것이 낫지 괜히 마음에 담아두고 미안해하면서 죄책감을 느껴봤자 자신에게도, 아이에게도 도움이 되지 않습니다.

아이에게 엄마의 좋은 점을 물어보면 아마 누구보다도 잘 알고 있을 것이고, 가장 기분 좋은 대답을 들을 수 있을 것입니다. 나의 장점을 적어본 뒤, 우리 아이의 장점도 적어봅시다. 아이의 좋은 점을 찾아내어 적다 보면 아이가 좀 더 예뻐 보일 것입니다. 사실 아이가 이것저것 하고 싶어 해서 욕심이 많다고 표현하던 부모가 호기심 많고 의욕적인 아이로 표현할 수도 있습니다. 아이에 대해 하나둘 좋은 점을 찾아가다 보면 몰랐던 아이의 모습도 발견할 수 있으실 겁니다.

프로그램 01

내 마음 알아차리기

엄마 활동

"만다라 일기"

요즘 '소확행'이라는 용어가 유행입니다. 일상에서 가질 수 있는 사소하고 작은 행복을 의미하는 것이지요. 소확행도 결국 나 스스로 만들어 보는 것인데 내가 좋아하는 것을 가져보거나 맛을 보고, 눈으로 보고 즐기며 느껴보는 것입니다. 혹시 수첩 좋아하시나요? 저는 수첩에 메모하는 것을 좋아해서 수첩을 여러 개 가지고 있어도 어딘가에서 우연히 예쁜 수첩을 보게 되면 저절로 손이 가서 만지작거리며 살까 말까 고민하게 되네요. 수첩을 사서 무엇인가 적어보거나 낙서를 해보는 즐거움이 있어요. 혼란스럽거나 우울하거나 외롭다고 느낄 때 수첩을 열어 작은 시도를 해보세요. 내가 나의 마음을 다정하게 대해주는 행동이지요. 우리는 다른 사람들에게는 다정하게 대해주려고 노력하고 늘 배려해 주면서도 막상 나 자신은 배려해 주지 않고 다정하게 대해주지 않는 경향이 있어요. 나 자신을 우선 이해하고 사랑하는 것은 내 아이를 더욱 여유로운 마음으로 이해해주고 사랑해줄 수 있는 가장 중요한 요소입니다.

집에 있는 수첩이 마음에 안 드시나요? 그렇다면 가까운 문구점에 가서 마음에 드는 작은 수첩을 하나 사는 소확행을 시도해 보세요. 수첩의 내지에는 줄이 그어있지 않는 흰색의 백지를 추천합니다. 그리고 이왕이면 크기가 작고 얇아서 보기만 해도 귀여운 색연필 한 세트도 같이 데려오면 어떨까요? 아이들이 집에서 그림 그리면서 사용하는 색연필이나 굴러다니는 크레파스 같은 것은 아무래도 상태가 엉망일 가능성이 크니까요. 작은 수첩 하나, 그리고 예쁘고 귀여운 색연필 세트 하나, 장바구니에 담아 집으로 돌아오는 발걸음은 솜사탕처럼 가벼울 것입니다.

만다라(mandala)는 원형을 의미하지요. 마음의 본질을 나타내는 'manda'와 소유나 성취를 나타내는 'la'가 합성된 언어로서 마음속에 질서를 세우고 균형을 잡아주는 도구로써 오래전부터 알려져 왔어요. 예술치료에서 만다라를 활용할 때는 내 마음과 현실의 균형과 조화를 이루어 평안한 상태를 유지하는 것을 목표로 합니다. 만다라 일기는 마음에 드는 작은 수첩에 만다라 그림일기를 그리는 것인데, 하루에 한 개의 원을 매일 그려보는 것입니다. 마음을 평안하게 해주는 명상음악을 감상하며 그린다면 더욱 효과가 좋겠지요.

이렇게 하루에 수첩 한 페이지를 사용하여 만다라를 한 개씩 매일 그려보는 시도를 해보세요. 신기하게도 내가 그리는 만다라는 매일 다른 형상을 보여줄 것이고 내가 의미를 부여하는 만다라의 제목도 계속 달라질 것입니다. 내 마음의 상태를 이해하고 감정의 변화와 흐름을 알게 되며, 조금씩 마음이 치유되는 것을 느끼게 될 것입니다. 물론 그 작업은 새롭고 즐거울 것이며, 나를 위한 소확행의 그 시간이 자꾸만 기다려질 것입니다.

준비물

작은 수첩 / 색연필 세트, 연필, 지우개.

추천음악

명상음악 중 마음에 닿는 음악으로
무엇이든 좋음.

프로그램 실행방법

❶ 명상음악을 튼다.

❷ 수첩의 하얀색 면에 연필이나 볼펜, 또는 색연필의 한 가지 색 (마음이 끌리는 색)으로 손이 가는 대로 원을 그려본다. 원의 위치나 크기는 그날그날 손이 가는 대로 그리게 둔다.

❸ 음악을 들으며 집중하다 보면 하얀 종이 위에 무엇인가 스치는 이미지가 있다.

❹ 어떤 색깔의 형상을 가진 이미지가 떠오르면 그 이미지대로 색연필을 사용해서 원 안을 채워 본다.

❺ 다 그렸다면 내가 그린 만다라를 다시 응시한다.

❻ 떠오르는 글이나 단어가 있다면 그 만다라의 제목으로 결정하고 여백의 어딘가에 볼펜으로 적어 준다.

❼ 만다라를 보고 어떤 느낌이 드는가? 떠오르는 경험이 있는가? 내 마음에 드는 부분과 마음에 들지 않는 부분을 생각해 본다.

Key Point 그림을 잘 그리지 못해도 아무 문제 없다. 그림을 그리는 자체가 즐거울 것이다. 원 안에 점 하나만 찍어도, 한 가지 색으로 가득 채워도 내 마음의 상징이며, 알 수 없는 추상적인 낙서를 해도, 반복되는 문양을 그려 넣어도 모두 내 마음의 상징이다. 만다라 일기를 실행해 본다면 내 마음속에서 나온 의미 있는 상징들을 온전히 있는 그대로 이해하는 방법을 스스로 깨닫게 될 것이다.

화내는 엄마

아이에게 자꾸 버럭대요

Q. 네 살 남자아이를 키우고 있습니다. 아직 아이가 어려서 실수를 많이 하는데, 아이가 실수할 때 말로 잘 타일러야 한다고 생각하면서도 버럭 소리를 지르는 일이 많네요. 밤에 잠든 아이를 보며 죄책감에 눈물이 나기도 하고 그러지 말아야지 다짐도 해 봅니다. 하지만 그런 상황이 되면 또 저도 모르게 울컥 화를 내게 됩니다. 어떻게 하면 화내지 않고 상황을 잘 해결할 수 있을까요?

A. 아이들은 자라면서 부모나 주변인의 행동을 보고 배웁니다. 엄마가 욱하면 아이도 결국 화내고 소리치게 되겠지요. 아이를 키우는 것은 하루에도 몇 번씩 욱하는 마음이 드는 힘든 일이지만 이렇게 자기의 양육 태도에 대해 되돌아보고 문제를 해결하고자 하는 마음을 가지신 것은 칭찬해 드리고 싶습니다. 저 또한 이런 고민을 했던 적이 있었습니다. 책에서 배운 대로 우아하게, 아이가 실수한다면 잘 설명해주는 여유로운 엄마가 되고 싶었지만, 현실은 그렇지 못했습니다. 그런 행동을 바꾸기 위해서는 무엇이 문제인지 찾아내고 개선하기 위해 노력해야 합니다.

내가 왜 이런 행동을 반복할까?

어떤 상황에서든 사람들은 각자 다르게 행동합니다. 그 상황에 대한 감정도 다르겠지요. 어떤 엄마는 아이가 버릇없게 행동하는 것이 너무 화가 나는데 다른 엄마는 '아이니까 그럴 수도 있어'라고 생각하고 "다음부턴 그러지 말자"라고 말하면서 넘어갈 수도 있습니다.
보통 이런 상황은 이미 성인이 되었지만 내 안에 과거에 해결되지 않은 감정 때문에 마음속에는 상처받은 어린아이가 남아있는 경우가 많습니다. 아이의 행동에 자꾸 짜증이 나고 화를 낸다면 자기 안의 아이를 들여다보아야 합니다. 이것을 해결하는 것은 자기를 알고 그 내면의 감정을 이해하는 것에서 시작됩니다.

엄마의 메타감정을 찾아보자

메타감정은 '감정 뒤에 있는 감정'으로 어떤 감정에 대한 내 생각, 태도, 관점, 가치관 등을 말합니다. 이것은 무의식적인 반응으로 나타나고, 우리의 무의식 속에 있으므로 이해하려고 노력하지 않으면 알기가 어렵습니다. 어떤 상황에 필요 이상으로 민감하게 반응한다면 내 안에 내가 인지하지 못하는 어떤 감정이 있다고 생각해볼 수 있습니다.
가령 버릇없는 아이를 보고 화가 나는 엄마는 엄격한 아버지 밑에서 많이 혼나고 자라면서 그것에 대한 불편한 감정으로 버릇없는 아이를 보면 크게 화를 내는 것일 수도 있습니다. 그때 상처받은 어린아이가 마음 속에 남아있는 것을 되돌릴 수는 없습니다. 하지만 그 감정에 대한 감정은 의식적으로 바꾸어볼 수 있습니다. 그때의 감정이 나를 괴롭히는 것을 자각하는 것만으로도 감정을 조절하는 데 도움이 될 것입니다. 혹시 스스로 해결하기 어렵다면 교육이나 상담을 받으면서 편안해질 수 있습니다.

충분한 휴식을 취하고 자기를 돌보세요.

엄마가 힘들면 아이에게 짜증을 내게 됩니다. 아이가 어린이집에 간다면 그 시간을 활용하시면 좋습니다. 그렇지 못하다면 아이의 할머니나 친인척을 동원해서 쉬는 시간을 만들어 봅시다. 요즘에는 각 지역의 육아·보육 지원센터에서 시간당 3000원 정도의 비용을 받고 아이를 시간제로 돌보아주는 서비스를 제공하고 있습니다. 그냥 누워서 쉬어도 좋고, 카페에 앉아 맛있는 케이크와 커피를 마셔도 좋습니다. 친구를 만나기 어렵다면 전화로 수다라도 떨어봅시다. 엄마의 육체적, 정신적 건강이 육아에서 가장 중요한 자원입니다.

프로그램 2.
촉감의 즐거움을 알기 -
엄마와 함께하는 아이 활동

Shall we paint?

chapter

02

예민하고 소심한 아이 키우기

나와는 너무 다른 내 아이

엄마가 아이의 기질을 이해하고 천천히 아이에게 발을 맞추면서 민감하고 수용적인 환경을 제공한다면 아이는 조금씩 자신감을 얻게 되고, 그런 것들이 모여서 안정된 성인으로 성장할 수 있게 됩니다.

취급 주의, 조심조심 아이 키우기

저의 첫 육아는 순조로웠습니다. 우유도 이유식도 잘 먹어주고, 잘 시간에 잠도 잘 자주던 첫째는 놀 때도 방실방실 잘 웃는 아이였습니다. 그랬던 아이가 세 살이 되자 달라졌습니다. 자기주장이 생기면서 점점 요구가 많아지고 까다로워지기 시작했습니다. 그런 아이를 보면서 저는 고민에 빠졌습니다. '저 아이는 타고난 성격이 까다로운가? 아니면 애착 육아를 한답시고 사소한 것에도 즉각적으로 반응한 것이 아이의 민감성을 높인 것은 아닐까?'

원인은 알 수 없었지만 저는 까다로운 아이를 키우게 되었습니다. 아이는 엄마 말투의 뉘앙스까지 캐치해서 지적하기도 하고 반대로 사소한 것에 기뻐하기도 했습니다. 기저귀를 떼고서도 어린이집 선생님과 할머니에게 화장실 가고 싶다는 말을 하기가 부끄러워서 늦게까지 기저귀를 차고 다니기도 했고, 소리에 예민해 사소한 소음에도 시끄럽다고 싫어했습니다. 한동안은 아침에 눈을 뜨면 아이의 눈치를 살피기도 했습니다. '오늘은 우리 어르신 기분이 괜찮으신가?' 하고 말이지요.

하지만 지금은 전처럼 전전긍긍하며 아이의 눈치를 살피고 맞춰주려고 하는 태도를 바꾸려고 애쓰는 중입니다. 아이가 크면서 적응해주는 부분도 있었겠지만, 단지 떼 부리는 것을 막기 위해 아이의 기분을 맞춰주는 것이 좋은 부모는 아니라는 생각이 들었기 때문입니다. 그렇다고 주어진 대로 무조건 따르도록 하는 것을 예민한 아이들은 쉽게 수용하지 않습니다. 그 줄타기를 잘하기 위해서는 절대적으로 아이에 대한 이해가 필요합니다.

아이의 예민함은 타고난 성격일 수도 있지만, 발달 단계상의 미성숙에서 기인하기도 합니다. 아이들의 인지발달 단계의 특성상 아이들은 자기중심적인 사고를 합니다. 어른이 되어서도 자기중심적인 사고에서 벗어나지 못하는 사람도 많이 있긴 하지만요. 또한, 어른들처럼 원인과 결과를 인과관계로 연결하여 이해하지 못합니다. 엄마와 아빠가 싸우는 소리를 듣고 자기가 잘못해서 그런 것으로 잘못된 인과관계를 만들어내기도 합니다. 나쁜 의도가 있는 것을 이해하지 못해서 만약 누군가 실수로 접시를 두 개 깼고, 다른 사람이 일부러 한 개를 깼다고 해도 어린아이들은 접시를 두 개 깬 사람이 더 잘못했다고 생각할 수도 있습니다.

또 자기가 상상한 일이나 꿈에서 있었던 일을 실제 사건과 혼동하기도 합니다. 때로는 상황에 따라 엄마의 감정이 변한다는 것을 이해하지 못해서 엄마가 화를 내면 '우리 엄마는 나를 미워해'라고 확대해서 해석하기도 합니다. 이런 것들이 아이들을 불안하게 하고 아이들의 불안은 예민함으로 표현되기도 합니다.

아이가 타고난 성격이 그렇다고 생각되면 유전적인 요인을 고려해볼 수도 있습니다. 사실 아이가 비슷하게 반응하는 상황에서 어떤 엄마는 아이가 예민하다 느낄 수 있고 좀 둔감한 엄마라면 '그냥 애들은 그런가 보다'라고 생각할 수도 있습니다. 하지만 엄마가 아이가 예민하다고 느낀다면 엄마는 아이를 키우는 것이 힘들다고 느끼는 것일 수도 있습니다.

예민함을 타고난 아이

미국의 토마스와 체스(Thomas & Chess, 1977)는 뉴욕 종단 연구(New York Logitudinal Study: NYLS)를 통하여 9가지 기질 차원을 제시하였는데, 이를 통해 아기들의 기질을 세 가지로 - 순한 아기, 까다로운 아기, 느린 아기 - 분류하였습니다.

순한 아기는 긍정적이고 행복해하며 울더라도 쉽게 달랠 수 있었습니다. 약 40%의 아이들이 이 유형에 해당하였고, 이 아이들은 규칙적이고 엄마가 아이의 반응을 예측할 수 있었습니다. 반대로 까다로운 아기는 새로운 환경에 부정적이고 강한 반항을 보였습니다. 또한, 순한 아기와 달리 행동이나 반응이 불규칙적이었고 새로운 환경에 적응하는 시간이 오래 걸리는 편이었습니다. 마지막으로 느린 아기는 새로운 환경에 느리게 적응하지만, 시간에 따라 서서히 안정을 찾아가는 유형으로 까다로운 아기와 비슷해 보이지만, 부정적인 반응을 보이는 것이 좀 더 수동적이었다고 합니다. 예를 들어 까다로운 아기가 소리를 지른다면 느린 아기는 다른 쪽을 바라보는 식의 반응을 보였다고 합니다.

이 세 가지 기질을 처음 분류하였을 때, 연구자들은 기질적으로 까다로운 아이들이 커서도 산만하고 문제행동을 많이 일으킬 것이라고 예상하고 아이들을 추적하여 관찰하였습니다. 하지만 결과는 그렇지 않았습니다. 어렸을 때 까다로운 아이로 분류되었던 아이들도 학교에 잘 적응해서 문제없이 생활하는 아이들이 많이 있었고, 반대로 순한 아이 중에서도 문제를 일으키는 아이들이 생겼습니다.

어떻게 이런 변화가 일어났는지 찾아보았더니, 바로 엄마와 아이의 기질 적합성(Goodness of fit)이 아이의 성장과 적응에 중요한 포인트였다고 합니다. 쉽게 말해 엄마와 아이의 궁합이 잘 맞아야 한다는 이야기입니다. 엄마와 아이의 기질이 비슷하거나, 또는 아이가 까다롭다고 해도 인내심 크고 민감한 양육을 받는다면 이후 더는 까다로운 기질로 분류되지 않거나 문제행동을 보이지 않았던 것입니다. 그리고 아이의 기질에 따라 부모의 양육방식도 달라질 수 있다는 추가적인 내용도 보고하였습니다. 결국, 아이의 타고난 성향도 엄마가 어떻게 보듬어가며 키우는지에 따라 아이의 미래가 달라질 수 있다는 것입니다. 이런 결과를 보면 엄마로서 반성과 죄책감이 밀려오기도 하고 잘 해줘야겠다는 다짐을 하게 되기도 합니다.

소심한 아이를 부모의 성격대로 무언가 빨리빨리 하도록 하거나 새로운 상황에 대한 적응을 강요하게 된다면 아이는 복잡하고 혼란스러운 환경에서 보호받지 못하게 되고 결국 더 소심하게 움츠러들고 많은 정서문제를 보이게 될 것입니다. 반대로 엄마가 아이의 기질을 이해하고 천천히 아이에게 발을 맞추면서 민감하고 수용적인 환경을 제공한다면 아이는 자신이 견딜 수 있을 만큼만 하면서 조금씩 자신감을 얻게 되고, 그런 것들이 모여서 사회적이고 정서적으로 안정된 성인으로 성장할 수 있게 됩니다.

기질 차원에서 반응의 역치나 반응 강도는 감각적인 민감성과 관련이 있습니다. 젖은 기저귀 때문에 축축한 것이 불편한 아이도 있지만 어떤 아이들은 쉬나 응가로 기저귀가 젖어도 울지 않기도 합니다.

기질 차원

활동 수준 (activity level)	아이가 잠을 잘 때 얼마나 많이 움직이는지, 그리고 적극적인 놀이 활동을 얼마나 좋아하는지 여부
리듬성 (rhythmicity)	먹고 자는 시간이나 양이 얼마나 규칙적인지 여부
주의분산도 (distractibility)	한 자극에 얼마나 집중할 수 있는지, 혹은 다른 자극 때문에 주의가 얼마나 잘 분산되는지 여부
접근과 철회 (approach/withdrawal)	새로운 장소나 음식, 이방인, 새로운 활동 등에 얼마나 쉽게 접근하고 관심을 가지는지 여부
적응성 (adaptability)	새로운 환경이나 활동에 얼마나 빠르게 잘 적응하는지 여부
주의력과 끈기 (attention span and persistence)	과제나 특정 활동, 놀이 등을 끝까지 하려고 하는지 아니면 금세 포기하려고 하는지 여부
반응 강도 (intensity of reaction)	마음에 들지 않은 상황(예: 젖은 기저귀)에 접했을 때 얼마나 강한 반응을 보이는지
반응의 역치 (threshold of responsiveness)	큰 소리에 얼마나 반응하는지, 혼자서 얼마나 잘 잠자리에 드는지, 음식은 얼마나 잘 먹는지 등
정서의 질 (quality of mood)	긍정 혹은 부정 정서를 얼마나 많이, 강하게 표현하는지 여부

표1. Thomas & Chess가 제시한 기질 차원
까다로운 아이들은 반응 강도가 세고 반응 역치가 낮으며 정서의 질이 부정적인 성향이 높습니다.

엉덩이 피부에 젖은 기저귀가 닿는 느낌이 불쾌하다고 느껴지는 아이는 촉각적인 예민함을 가지고 있는 것입니다. 감각적인 예민함으로 축축한 기저귀를 싫어해서 기저귀를 빨리 떼는 경우도 있으니 감각적인 예민함은 아이의 강점이 될 수도 있습니다.

영화 '봄날은 간다'에서 상우(유지태)의 직업은 사운드 엔지니어입니다. 소리를 녹음하러 여기저기 돌아다닙니다. 이런 일을 하려면 청각이 예민해야 하겠지요. 또 요리사들은 미각과 후각이 발달하게 됩니다. 혼합된 각 재료의 미세한 맛을 캐치하여 어떤 것들이 들어갔는지, 어떻게 조리했는지 맞추는 것을 보면 정말 신기합니다.

이렇게 감각적인 민감성은 어떻게 보면 다른 사람보다 감각적인 정보를 더 민감하게 수집하는 능력이 되기도 합니다. 예민한 감각은 어쩌면 신에게 받은 선물(Gifted)일 수도 있습니다. 살아가는 데 조금 불편할 수도 있지만요.

감각적으로 예민한 것은 편식이 심한 것으로 표현되기도 합니다. 우리가 음식을 느끼는 경로는 미각과 후각입니다. 새로운 음식의 경우에는 시각적인 자극이 포함되기도 합니다. 아이들은 처음 보는 음식에 대해 두려움을 갖기도 합니다. 왜냐하면, 자기가 먹어보지 않은 음식은 어떤 맛인지 모르기 때문에 충분히 두려운 마음이 들 수 있습니다. 특히 구강의 자극에 민감성을 가진 아이들은 음식을 당연히 가려먹어야 한다고 볼 수도 있습니다. 반대로 둔감한 아이들은 아무거나 잘 먹고 자극적인, 짜거나 매운 음식을 좋아하기도 합니다.

그렇다면 까다롭게 편식하는 아이를 어떻게 골고루 먹도록 할까요? 먼저 식사시간이 행복해야 합니다. 아이가 좋아하는 식기나 식사도구를 준비합니다. 좋아하는 캐릭터가 들어가 있는 것으로 준비해주거나, 또는 함께 쇼핑하며 아이가 마음에 드는 것으로 준비하는 것도 좋아할 것입니다. 그리고 좋아하지 않는 음식 재료를 가지고 놀이를 하며 다양한 음식 재료로 둥근 접시에 눈, 코, 입을 만들어 본다거나 냄새를 맡아보고 물감을 찍어 종이에 찍어보기도 하고 꼬치에 끼워 기차처럼 만들어 보기도 하면서 좀 더 친근한 느낌으로 접근해볼 수 있습니다.

채소를 싫어하는 아이라면 채소를 아주 작은 조각으로 잘라 입에 넣어보거나, 볶음밥이나 주먹밥에 조금씩 넣으며 맛과 향을 조금씩 느끼는 방법으로 접근할 수도 있습니다. 사실 아이가 좋아하지 않는 음식을 억지로 먹이려고 하기보다는 맛있게 먹는 모습을 자주 보여주는 것이 훨씬 효과적입니다. 또 오늘 이걸 먹여보려고 했는데 먹지 않았다고 해서 먹을 때까지 식사시간을 길게 늘이거나 억지로 먹이지 않도록 합니다. 그것은 아이에게 더 부정적인 인상을 심어주게 되어서 다음 시도를 더 어렵게 하기 때문입니다.

새로운 자극이 필요한 아이 (감각 방어 낮추기)

결국, 예민한 아이를 둔 부모는 아이가 떼 부리는 것을 막기 위해 아이가 좋아하는 것이나 익숙한 것을 선택하고 낯선 것을 피하려고 하게 됩니다. 아이가 스스로 새로운 것을 선택하지 않는 한 그럴 겁니다. 하지만 아이들의 예민함을 일으키는 감각적인 민감성을 낮추기 위해서는 다양한 자극을 체험하는 것이 필요합니다.

요즘은 모래 놀이를 싫어하는 아이들도 많습니다. 왜냐하면, 모래가 손에 묻고 신발에 들어가는 것이 싫기 때문입니다. 도시에서 깔끔하게 자란 아이들은 손에 뭐가 묻는 것을 싫어합니다. 어렸을 때부터 뭐가 묻으면 엄마가 물티슈로 닦아주니까 아이들도 뭐가 묻으면 물티슈부터 찾습니다. 같은 이유로 핑거페인팅(손가락으로 물감 그림 그리기)을 거부하기도 합니다. 어떤 아이는 비닐장갑을 요구하는 우스운 상황이 연출되기도 합니다. 하지만 감각적인 예민함을 줄이기 위해서는 이런 감각 놀이를 많이 하는 것이 도움이 됩니다.

저희 아이도 마찬가지였습니다. 바닷가에 가도 모래가 묻으면 "지지~"라고 싫어하였고, 손에 물감이 묻으면 물감이 묻은 곳이 아프다고 하며 닦아달라고 울었습니다. 이렇게 깔끔한 체를 하는 아이들은 욕실에서 물감 놀이를 시켜주는 것이 좋습니다. 손에 묻은 물감이 불편하면 언제든 물로 씻을 수 있으니까요. 그리고 손뿐만 아니라 온몸에 물감을 바르고 욕실 벽에도 문지르고 놀아도 샤워기로 금방 씻어낼 수 있으니 아이의 마음도 편하고 엄마도 편하게 감각 놀이를 시켜줄 수 있게 됩니다. 처음엔 아이가 어색해할 수 있으니 엄마도 함께 참여하면 더 좋을 겁니다.

가장 좋은 감각 놀이는 물놀이, 수영입니다. 수영이라고 하면 거창하지만, 그냥 수도꼭지를 틀어놓고 노는 것도 물놀이가 될 수 있습니다. 사실 아이들은 대부분 물놀이를 좋아합니다. 감각 방어가 있는 아이들도 물장난은 별로 거부하지 않습니다. 욕조에 거품을 풀어 거품 목욕을 해볼 수도 있고, 그게 무섭다면 비눗방울을 불어볼 수도 있습니다. 그릇에 따뜻한 물과 얼음물을 담아놓고 손을 담가보거나 빨대를 꽂아 불며 거품을 만들어 보는 것도 좋은 놀이가 됩니다.

또는 아이에게 로션이나 오일을 발라 마사지를 해주는 것도 촉각적인 자극을 줄 수도 있고, 아이와 밀가루 반죽 놀이나 플레이 도우 같은 것을 주무르고 두드리며 놀 수도 있습니다. 세이빙 크림(면도크림)을 짜서 문지르며 놀아볼 수도 있고요.

이러한 감각 놀이 활동은 아이의 감각적인 방어를 낮춰줍니다. 감각적인 예민성을 낮추어주는 것이지요. 성격적으로 소심해서 무언가 새로운 것을 해보는 것을 두려워하는 아이도 있습니다. 새롭고 낯선 것이 무서울 수도 있고, 또 아이가 성장함에 따라 인지가 발달하면서 이전에는 깜깜한 것을 무서워하지 않다가 무서워하기도 합니다. 그렇지만 이런 두려움으로 인해 새로운 것을 거부한다면 아이는 새로운 경험을 할 기회를 잃어버림으로 인해 다른 발달에 필요한 경험을 하지 못하게 될 수도 있습니다.

위에서 말했던 물감이나 모래 등의 감각에 대한 거부감은 촉각 방어가 높아서 그렇게 표현되는 것입니다. 그렇다고 해서 아이가 싫어하는 것은 피하려고 하기보다는 조금씩 노출시키며 적응하도록 하는 것이 아이에게 더 유익합니다. 저희 아이도 처음엔 모래를 거부하고 신발을 신고 들어가도 신발에 모래가 들어가는 것을 견디지 못했습니다. 그래서 모래놀이터에서 안에 들어가지는 않고 바깥에 앉아 소꿉놀이 그릇에 모래를 담아 노는 것부터 해보았습니다. 놀이하는 중간에 종종 손에 묻은 모래를 털어내긴 했지만 그런 날들이 반복되면서 점점 모래의 감각에 익숙해져 갔습니다. 그리고 바다에 가서도 고무 소재의 폭신한 신발을 신고 걷도록 하고 모래가 묻은 것이 불편해하면 물로 씻어주었습니다. 그렇게 반복적으로 접하다 보면 결국 모래라는 것이 재미있는 놀잇감이 될 수 있고, 잘 놀고 씻어내면 된다는 것을 학습하게 되는 것입니다.

아이들의 감각체계는 발달하는 중이기 때문에 감각을 통합하지 못하기도 하고 특정 감각을 추구하는 반복적인 행동을 보이기도 합니다. 감각통합이란 우리의 신체가 감각적인 정보를 받아들여서 그것을 조직화하고 통합하는 것입니다. 우리가 걷고 뛰고 움직이는 것에는 사실 모든 감각체계가 작동하며 상호 협력하는 과정이 포함됩니다. 그래서 걷거나 뛰다가 넘어지기도 합니다. 감각적으로 예민한 아이들은 주변 환경에서 오는 감각적인 자극을 더 과민하게 반응하는 경우가 많습니다. 반대로 과소반응을 보이는 아이들도 있지요. 과민반응으로 주로 보이는 것은 소리에 대한 민감성(특정 소리를 극도로 싫어하는 것)이 있습니다. 저희 아이들을 어렸을 때, 둘 다 아빠의 재채기 소리만 들으면 울었습니다. 그래서 아빠는 재채기가 나올 것 같으면 화장실로 뛰어 들어가곤 했지요. 또는 위에 주로 언급했던 어떤 촉각에 대한 불쾌감을 느끼는 것이 있고, 편식이 심한 아이들은 특정 냄새와 맛을 싫어합니다. 또 과민한 반응을 보이는 아이들은 자주 깜짝 놀라고는 합니다. 과소반응으로는 주변에 대한 주의가 부족하고 반응이 느립니다. 빙글빙글 도는 것을 즐기는 아이들은 그것이 어지럽다고 느끼지 못합니다. 과소반응을 보이는 아이들은 감각이 대단히 예민해서 그것을 아예 차단하기 때문에 감각에 대한 반응을 보이지 않는 것으로 여겨지기도 합니다.

결국, 감각이 예민하다고 그걸 계속 피하게 되면 더 극복하기 어렵게 됩니다. 피하기보다는 견딜 수 있는 정도의 자극을 서서히 접하면서 점점 견딜 수 있는 수준의 자극으로 높여가는 것이 아이가 세상에 적응할 수 있도록 도와주는 길입니다. 만약 아이가 브로콜리를 싫어한다면, 그냥 브로콜리는 먹지 않으면서 살아가도록 해야 할까요? 아니라면 어떻게 브로콜리를 싫어하지 않게 할 수 있을까요? 처음부터 브로콜리 싫어하는 아이가 그걸 좋아하게 만들기는 어렵습니다. 하지만 천천히 시도하면 충분히 먹도록 할 수 있습니다.

처음엔 그냥 보여줍니다. 먹지 않아도 된다고 하고 대신 맛있게 먹는 모습을 보여주세요. 처음부터 "맛있는 거야. 먹어 봐" 하면 가뜩이나 싫은데 거부감만 심해집니다. 그냥 맛있게 먹는 모습을 보여주고 만져보고 냄새를 맡아보고 입에 대보고 손톱만큼만 입에 넣어보고 하는 단계를 거치다 보면 점점 '별거 아니네'라는 생각이 들고 감각적인 거부도 줄어들게 됩니다. 그 과정을 너무 서두르지 말고 천천히 기다리면서 조금씩 다가가 보세요. 아이가 브로콜리의 모양과 촉감, 향, 맛에 익숙해지도록 기다려준다면 충분히 먹을 수 있습니다.

또 다른 예로 머리 감기를 싫어하는 아이가 있다고 합시다. 아이가 크면서 머리 감는 것을 거부하는 때가 생기기도 하니까요. 특정 자세가 아이를 불안하게 하는 것일 수도 있으니, 샴푸 캡을 써본다거나 또는 샴푸 캡이 무섭다면 욕조를 잡고 머리를 뒤로 젖히도록 해본다거나 고개를 숙이고 있도록 하고 감아볼 수도 있습니다. 요즘은 샴푸 의자라고 등을 기대로 앉을 수 있는 의자도 쉽게 구할 수 있으니 그런 것을 사용해보는 것도 좋습니다. 그중에 가장 거부가 심하지 않은 방법을 선택해서 처음엔 최대한 빨리 감겨줍니다. 또는 샴푸 향이 싫다면 향이 없는 제품을 찾거나 아이가 향을 맡아보고 고를 수 있도록 할 수 있습니다.

믿고 기다려주는 부모가 되자

감각적으로 예민한 아이들은 기본 생활에서도 자주 불편함을 호소합니다. 왜냐하면, 사소한 자극에도 쉽게 잠들지 못하기도 하고, 먹는 것에 대해서도 감각적인 방어가 높으므로 향이 싫어서, 생긴 게 마음에 들지 않아서, 입에 묻는 것이 싫어서, 입안에 닿는 느낌이 싫어서 등등 싫은 이유도 많고 그에 따라 먹기 힘든 음식도 많기 때문입니다.

잘 먹고 잘 자야 생활이 규칙적으로 유지되고 아이도 건강하게 자랄 수 있습니다. 만약 아이가 예민하고 불안이 크다면 다른 아이들보다 극복해야 할 문제가 훨씬 많아지고 엄마도 몇 배는 더 챙길 것들이 많아지게 될 것입니다. 하지만 엄마와 아이가 함께 노력하는 시간이 쌓이고 쌓여 아이는 결국 세상에 적응하고 자신의 생존전략을 습득하게 될 것입니다. 그 과정이 다른 아이보다 좀 더 험난하고 피곤하다고 할지라도 부모가 된 이상 해내야만 하는 일입니다.

예민한 아이는 어쩌면 다른 아이보다 훨씬 오래 엄마 아빠와 함께 안방에서 잠을 자야 할 수도 있습니다. 보통 아이가 어느 정도 자라면 자기 방에 침대를 꾸며주고 잠자리를 분리하는 것을 시도하지만 아무래도 겁이 많고 예민한 아이는 다른 아이들보다 그 과정이 훨씬 어렵고 잘 안 될 수 있습니다. 또 치과 치료라든지 엑스레이 촬영 등 특별한 병원 진료도 훨씬 더 힘들어 할 것입니다.

그래도 아이를 믿고 버텨주어야 합니다. 엄마가 버티지 못하면 아이는 적응할 수 없습니다. 아이의 감각적인 예민함을 극복하도록 함께 노력해야 하는 것이 힘들다고 엄마가 포기하면 아이의 예민함은 점점 더 심해질 수도 있습니다.

세상이 두려운 아이에게 버팀목이 되어주는 엄마와 아빠가 있다면 아이는 한발씩 나아갈 수 있습니다. 아이가 목욕을 싫어한다면 목욕할 때의 물소리가 싫은 것인지 물의 온도가 싫은 것인지 목욕물에서 나오는 것이 싫은 것인지 알아내야 하고 그것을 바꾸어주거나 극복하도록 도와주어야 합니다. 물이 내려오는 장난감이나 거품 물감을 사용해 재미있는 목욕시간이 되도록 도와줄 수 있고 함께 비눗방울 놀이를 할 수도 있습니다.

목욕뿐만 아니라 식사나 수면시간도 같은 맥락에서 루틴을 만들며 놀이를 접목하여 즐겁게 해나가도록 도와준다면 예민한 아이들도 아주 건강하고 규칙적으로 생활해나갈 수 있을 것입니다.

프로그램 02

촉감의 즐거움을 알기

엄마와 함께하는 아이 활동

"Shall we paint?"

감각이 예민한 아이는 엄마가 참 힘들지요. 매사에 까다롭기도 하고 세상의 모든 것들을 민감하게 느끼고 받아들이니, 엄마는 옆에서 같이 느껴주고 반응해 주어야하기 때문에 둔감한 아이들을 키우는 것보다 몇 배로 힘들 수밖에 없습니다. 그래서 힘든 엄마는 아이에게 쉽게 짜증을 내기도 하고, 넌 누굴 닮아 이렇게 예민하고 까다롭냐는 하소연을 무심히 뱉어내기도 하겠지요. 그런데 '예민함'이라는 것에 관하여 조금 다른 관점에서 바라볼 필요가 있습니다. 예민함은 미래 인재들에게는 꼭 필요한 하나의 능력이자 강점이기 때문입니다.

예민하고 민감한 아이들은 다른 사람들이 느끼지 못하는 것들도 느낄 수 있다는 것이기에 그만큼 세상의 모든 것들을 더 빠르고 쉽게 경험할 수 있습니다. 세상의 모든 것들이 쉽게 감각으로 느껴진다면, 그만큼 그 아이의 내면에 신속하게 스며든다는 것이지요. 예민한 아이들은 세상의 나쁜 것들도 쉽게 느끼지만, 세상의 좋은 것들과 아름다운 것들도 더욱 많이 느낍니다.

이토록 빠르게 흡수하는 섬세한 감각과 감성을 가졌기에 '슬프다'라는 감정도 자주 느끼겠지만 역설적으로 '행복하다'라는 것도 쉽게 느낀다는 것입니다. 즉 행복에 더 쉽게 노출되는 사람들은 예민한 사람들입니다. 그래서 눈치도 빠르고 센스도 넘치지요. 어쩌면 엄마는 아이가 커갈수록 그 예민함에 오히려 감사하게 될지도 모릅니다.

예민하고 민감한 아이를 어떻게 대해주고 반응해주면 좋을까요? 엄마도 같이 모든 감각을 열고 세상에 마음을 열어보세요. 예민하고 민감한 내 아이가 얼마나 창의적인 사람으로 자라게 될지는 엄마의 열린 마음처럼 느껴주고 반응해주는 태도에 달려있습니다.

준비물

전지 사이즈 흰색 켄트지 4~6장(많을수록 좋지만, 공간의 크기에 따라 사용) / 페인트용 큰 사이즈 붓 2개 / 병에 담긴 아크릴 물감 몇 가지 색(아이가 좋아하는 색들) / 신문지 여러 장 또는 두껍고 큰 비닐(김장할 때 사용하는 비닐) / 일회용 접시 4개 정도 / 큰 볼 / 스카치테이프.

※ 위에 재료들은 알파문구나 화방에 가면 쉽게 구할 수 있어요. 전지 사이즈의 켄트지는 여러 장 사두면 아이들에게 신나는 놀이터가 될 수 있답니다. 페인트용 큰 사이즈 붓도 한 개만 사두면 아이들에게는 상상력을 키우는 최고의 장난감이 될 것입니다.

추천음악

1. Strauss II - voice of spring
2. wish to fly - 양방언
3. Beethoven: Piano sonata No 23 in F minor Op 57

프로그램 실행방법

❶ 음악을 크게 틀고 거실이나 방의 가구들을 밀어놓고 최대한 큰 공간을 확보한다.

❷ 바닥에 신문지나 비닐을 넓게 펼쳐 놓는다.

❸ 그 위에 켄트지를 여러 장 연결하여 놓는다(스카치테이프를 붙여 도화지들을 연결한 후에 뒤집어 놓으면 됨).

❹ 일회용 접시에 각자 마음이 끌리는 색들을 선택하여 물감을 덜어 놓는다.

❺ 페인트 붓에 물은 아주 조금만 묻혀서 조금 되직한 정도가 되도록 하여 물감을 묻힌다.

❻ 음악에 맞추어 내 손이 어떻게 춤을 추는지 도화지 위에 신나게 표현해 본다.

❼ 엄마와 함께 완성한 작품에 어울리는 제목을 아이가 생각하고 정하도록 한다.

❽ 도화지들을 연결한 테이프를 떼어 여러 개의 작품으로 나누어 본다.

❾ 각 작품을 보면서 떠오르는 것들이 무엇인지 이야기 나누고, 작품들을 연결하여 상상되는 이야기를 구성하여 스토리텔링을 시도해 보아도 좋다.

❿ 오늘 엄마와 함께한 활동이 어땠는지 아이의 기분을 말하게 하고 공감해 준다.

Key Point 엄마와 아이의 마음에 선율을 느끼고 역동적인 활동이 되게 하기 위해서는 적절한 음악을 선택하여 두 사람이 말하는 소리 보다 음악의 소리가 훨씬 크게 들려야 한다. 온몸의 감각을 사용하여 큰 동작으로 그림을 그리다 보면 아이들이 신이 나서 붓을 던져 버리고 손바닥으로 그림을 그리기도 하고 도화지 위로 올라가 맨발로 놀기도 한다. 따라서 물은 아주 적게 사용하여 물감을 되직하게 사용하도록 해야 미끄럽지 않으며, 그림도 빠르게 말라서 아이와 함께 가장 마음에 드는 작품을 골라 거실 벽이나 방 벽에 붙이기에도 좋다. 작품을 며칠만이라도 계속 붙여놓고 전시효과를 주는 것은 아이들의 성취감과 자신이 표현한 것에 대한 인정받음의 경험이 되어 긍정적인 마음을 가지게 한다.

육아칼럼

영유아기 뇌 발달

Q. 화장실에 들어갈 때 다르고 나올 때 다르다는 말이 있지요. 아기가 배 속에 있을 때는 무사히 태어나서 건강하기만 해도 정말 좋겠다고 생각했었는데... 막상 부모가 되니 욕심이 생기는 것을 어쩔 수 없는 것 같습니다. 이 힘든 세상을 잘 살아가게 도와주어야 한다는 책임감도 느껴지는 것 같고요. 어떻게 키워야 똑똑한 아이로 잘 키울 수 있을까요?

A. 아이를 잘 키우고 싶은 마음을 솔직하게 표현하신 것 같습니다. 사실 지능은 유전의 영향을 많이 받습니다. 하지만 교육심리학자인 비고츠키(Vygotsky)는 아동의 인지 발달에서 교사와 아동, 그리고 아이들 사이에서 이루어지는 사회적 상호작용이 중요하다고 주장하였습니다. 그는 실제적인 발달수준과 잠재적 발달수준 사이의 영역인 근접발달영역을 제안하였는데요. 그것은 아이들이 더욱 성숙한 부모, 교사, 또래들과의 상호작용을 통해 더 높은 발달수준으로 도달할 수 있다고 본 것입니다. 이처럼 아이들의 뇌는 유전과 환경의 상호작용 때문에 발달하게 됩니다. 그러므로 우리 아이가 가지고 있는 잠재력을 최대한으로 발휘할 수 있도록 도와줄 수 있습니다. 그러기 위해서는 인간의 뇌 발달에 대한 이해가 필요합니다.

임신 7개월에서 2세까지

인간의 뇌가 지속해서 발달하기는 하지만 가장 활발하게 발달하는 시기는 임신 7개월에서 만 2세까지입니다. 그 증거로 갓 태어난 아기의 뇌의 무게는 성인의 25%이지만 만 2세 아이는 성인의 75%에 이릅니다. 뇌가 성장할 때는 단지 무게만 증가하는 것이 아니라 중추신경계의 기능이 복잡하고 정교해집니다. 이때 각 신경을 연결하는 시냅스가 과잉 생성되고 가지치기(Pruning)를 통해 시냅스의 수가 점차 줄어듭니다. 이 과정이 뇌에 자극을 받는 것에 따라 이루어지기 때문에 자극을 받지 못한 시냅스는 가지치기로 인해 정리되는 것입니다.

3개월 아기가 돌쟁이보다 외국어 소리를 더 잘 변별할 수 있다는 것은 알고 계시는가요? 청각 피질의 시냅스도 생후 3개월까지 과도하게 생성되고 이후에 가지치기를 하게 됩니다. 그래서 3개월 아기는 영어의 L과 R 발음을 다른 소리로 인식하지만, 1세가 되면 반복적으로 듣게 되는 소리로 가지치기가 진행되기 때문에 한국어를 모국어로 하는 아이들은 L과 R을 같은 '르'로 듣게 됩니다.

결정적 시기 - 생애 초기의 발달

발달에는 '결정적 시기'가 있습니다. 시각을 예로 들면 생후 4개월까지를 결정적 시기로 볼 수 있습니다. 신생아가 막 태어났을 때는 시력이 완성되지 않아서 또렷하게 보지 못하다가 점차 시력이 발달하게 됩니다. 만약 어떤 아이가 백내장을 가지고 태어났는데 그 사실을 알지 못하고 수술을 하지 않는다면, 그 아이는 영영 시력이 발달하지 못합니다. 발달의 결정적 시기를 놓쳤기 때문입니다. 시력이 발달하는 시기를 놓치고 나면 이후에 수술하더라도 아이는 소경이 될 수 있습니다. 그러므로 영유아기는 발달에 있어 엄청 중요한 시기입니다.

그렇다면 어떻게 아이의 뇌 발달을 도울 수 있을까요?

영아의 뇌 발달은 환경에 의해 활성화될 수 있습니다.

쉽게 말하자면 양육자의 반응이 아기의 뇌 발달을 촉진합니다. 갓 태어난 아기들은 엄마의 냄새와 품을 느끼며 애착을 발달시키게 됩니다. 엄마가 아기를 만져주고, 먹여주고, 달래줌으로써 아기의 감각기관을 통해 입력된 후각, 미각, 촉각 자극이 뇌를 발달시키게 됩니다. 그러므로 아기를 많이 안아주고 토닥여주고 말을 건네주고 노래를 불러주는 것이 아이의 감각을 자극해 신경을 통해 뇌를 활성화하는 것입니다.

아이는 감각기관을 통해 뇌가 발달하기 때문에 '감각 놀이'를 많이 시켜주는 것이 도움을 줄 수 있습니다. 요즘은 아기들도 목 튜브를 이용해 수영합니다. 이는 엄마 배 속에 있을 때의 감각을 느끼게 해주기도 하지만, 아이가 온몸으로 물을 느끼며 움직이기 때문에 신경발달 및 운동

발달에 도움이 됩니다. 또한, 아기 마사지도 엄마와의 애착 형성을 도울 뿐만 아니라 아이에게 감각적인 자극을 주기에 적합한 놀이입니다. 두부를 손으로 으깨고 주물러보거나 밀가루를 만져보고 물이나 식용유를 넣어 반죽해보고 물감도 섞어보는 등 다양한 놀이를 시도할 수 있습니다.

교구보다는 엄마가 최고의 자극

아기침대에 필수품이 되어버린 흑백 초점 책과 모빌이 뇌 발달에 얼마나 이바지할까요? 아기들이 그것을 응시하고 좋아하기는 합니다. 하지만 근본적으로 장난감이 제공하는 자극보다 아기에게 더 필요한 것은 부모의 반응입니다. 엄마와 아빠의 특별한 반응 때문에 뇌 기능은 더욱 활성화됩니다. 특히 언어발달은 부모와의 직접적인 상호작용을 통해 관련된 회로를 발달시키게 되는 것이지, TV 소리를 듣는 것은 별로 도움이 되지 않습니다. 물론 아무 소리도 나지 않는 것보다는 동요나 동화 오디오를 들려주는 것이 낫기는 하지만 엄마가 눈을 맞추고 따뜻한 이야기를 건네는 것보다 더 좋은 교구는 없습니다.

chapter

03

분노 폭발, 욱하는 아이 키우기

나와는 너무 다른 내 아이

엄마나 아빠가 욱하는 모습을 보여주지 않는 것이 가장 중요합니다. 먼저 화가 날 때 어떻게 해야 할지 생각해봅시다. 만약 아이와 함께 있는 상황에서 화가 난다면 자리를 피하는 것이 좋을 수도 있습니다.

욱하는 것도 학습된 것이다

엄마는 잠든 아이를 보며 종종 죄책감이 듭니다. '이렇게 천사 같은 아이에게 또 화를 내고 말았구나'라는 생각이 듭니다. 왜 아이랑 있을 땐 화가 나는 걸 참지 못하는 건지, 자괴감이 들기도 합니다.

아이들은 잠들기를 싫어합니다. 더 놀고 싶다며 잠자는 것을 거부하기도 합니다. 하지만 엄마들은 아이를 재우고 빨리 쉬고 싶습니다. 그래서 아이가 자지 않으면 화가 나기도 합니다. 엄마도 육아에서 퇴근하고 싶기 때문입니다. 그런데 아이가 잠들지 않으려고 하고 계속 놀자고 조르면 슬슬 화가 나기 시작합니다. 그러다 버럭 소리를 지르면 아이는 울다가 잠이 들곤 합니다.

이런 반응을 보이는 것이 아이들에게 '화가 나면 저렇게 하는 거구나'하고 따라 하는 모델링이 될 수 있습니다. 아이들이 욱하는 것은 결국 학습된 것입니다. 아이들이 행동을 학습하는 경로는 여러 가지가 있지만 가장 많은 경우가 부모의 행동을 모델링하는 것입니다. 또는 유치원이나 학교에서 친구들을 보고 배울 수도 있고, 텔레비전이나 유튜브의 영상을 통해서 배우기도 합니다.

결국, 아이가 욱하는 것은 화나는 감정을 자기가 배운 방식으로 표현하는 것입니다. 또한, 아이들은 자기조절 능력이 아직 발달하는 과정에 있으므로 어른보다 화를 참는 것이 더 어렵습니다. 어렸을 때는 주로 울음으로 표현하지만 자라면서 소리를 치거나, 물건을 던지거나, 친구를 때리는 행동으로 나타나기도 합니다. 다행인 것은 우리 아이들은 아직 발달 중이기 때문에 충분히 고칠 수 있는 여지가 많습니다. 오히려 엄마나 아빠 중에 그런 행동을 하는 사람은 이미 살면서 그런 방법으로 자신의 감정을 표출시키는 것이 이미 패턴화되어 고치기가 더 어려울 수 있습니다. 하지만 아이들은 설명해주고 본보기를 보여주면 달라질 수 있습니다.

그러므로 엄마나 아빠가 욱하는 모습을 보여주지 않는 것이 가장 중요합니다. 지금까지 해오던 패턴을 바꾸기가 쉽지 않겠지만, 아이를 위해 해야 합니다. 먼저 화가 날 때 어떻게 해야 할지 생각해봅시다. 만약 아이와 함께 있는 상황에서 화가 난다면 자리를 피하는 것이 좋을 수도 있습니다. 적절한 방법으로 표현할 수 있을 때까지는 아이 앞에서 그런 모습을 보이지 않기 위해서 다른 방으로 가는 것입니다. 또는 소리를 치지 않고 심호흡을 하면서 머릿속으로 숫자를 세어 볼 수 있습니다. 심호흡할 때, 왼쪽 가슴에 손을 얹고 심장 박동을 느끼며 천천히 숫자를 세는 것도 좋습니다. 화가 나는 상황에서 그냥 참으려고 한다면 결국 쌓이다가 또 폭발해버릴 수도 있으니까요.

만약 아이에게 화를 토해내고 말았다면 그것에 대해 사과하고 그러지 않겠다고 말하는 것도 필요합니다. 화를 폭발시키지 않겠다고 다짐했지만, 순간적으로 터져버렸다면 또 후회가 밀려오겠죠. 그럴 때 아이에게 "미안해"라고 말하는 것은 정말 중요합니다. 그러지 않으려고 노력하고 있다는 말을 해주고 진심을 담아 사과하는 모습을 보여주어야 아이도 그것이 잘못된 것이라는 것을 알 수 있을 것입니다.

과격한 반응은 부정적 감정에 대한 반사적인 표현입니다. 우리가 그것을 인식하기 전에 행동으로 먼저 나오는 것입니다. 따라서 그것은 적절하게 표현하도록 연습하는 것을 통해 더 적응적인 방법으로 행동을 조절하고 표현할 수 있도록 도와줄 수 있습니다.

반사적으로 욱하는 것을 멈추기 위해 연습할 방법은 무엇이 있을까요? 어렵지 않습니다. 한 템포 쉬어가는 것이지요. 자기가 화가 나는 것이 인식된 순간, 심호흡을 반복하면서 깊게 숨을 쉬어 감정을 이완시키는 것도 좋습니다. 커피나 초콜릿이 기분전환에 도움이 된다면 먹거나 마시면서 감정이 전환되도록 하는 것도 적극적인 방법입니다. 자기만의 방법을 연습하다 보면 화가 난 감정을 다룰 수 있게 될 것입니다.

욱하지 않기 위한 감정조절 연습

감정조절은 연습이 필요합니다. 우리가 욱하고 폭발하는 것은 사실 자기감정을 스스로 인식하지 못하고 있기 때문에 자기도 모르게 폭발해버리고 마는 것입니다. 따라서 감정조절의 시작은 감정인식입니다. 자기의 기분이 어떤지 머릿속으로 의식하는 것입니다. 배가 꼬르륵거리고 허기진 느낌이 들 때 배가 고프다는 것을 아는 것처럼, 화가 났을 때 '내가 화가 났구나'라고 인식을 하기 시작하면 그것을 조절하기가 훨씬 수월해집니다.

하지만 우리는 어렸을 때부터 "화내면 안 돼"라고 배워왔기 때문에 화를 내지 않고 꾹꾹 참다가 폭발하게 되는 것입니다. 화를 내는 것이 안 되는 게 아니라, 욱하고 폭발하는 것은 안 되는 것입니다. 화를 내는 것은 자연스러운 반응이고 다양한 감정 중의 하나일 뿐입니다. 그렇다면 화가 났을 때 어떻게 표현할 것인지 생각해보는 시간을 가져봅시다. 그리고 아이가 부정적인 감정을 표현했을 때, 그것에 대해 나쁘게 받아들이기보다는 부정적인 감정도 자연스러운 것임을 인정하고 아이에게도 그럴 수 있다고 편히 생각할 수 있도록 해주는 것이 좋습니다. 부정적인 감정 자체가 나쁜 것이 아니라, 사회적으로 용인되지 않는 행동이 나쁜 것이고 그런 기분에 대해 어떻게 표현하면 좋을지 얘기해보고 알려주도록 해야 합니다.

살다 보면 매일 화가 나는 순간을 경험할 수 있습니다. 화를 조절하고 싶다면 먼저 '분노 수첩'을 만들어 나를 화나게 했던 사건에 대해 적어봅시다. 아침에 유치원 등원 차량을 태우려고 했는데, 아이가 밥을 천천히 먹어 등원 차량을 놓치게 되어 결국 데려다주고 택시를 탔지만, 회사에 지각했다든지, 서두르다가 핸드폰을 떨어뜨렸는데 액정이 깨졌다든지 하는 일들을 적어봅니다. 날짜와 사건을 적고 그래서 내가 얼마나 화가 났는지 그래프로 표현해 봅시다. 그림을 그리는 것을 좋아한다면 옆에 그림을 그려보아도 좋습니다. 1-10까지 분노의 수준을 설정해서 액정이 깨진 순간 나의 분노지수는 8이었다고 생각이 된다면, 그래프에 8까지 색칠을 하는 방식으로 표현하는 것입니다.

화가 났을 때, 화가 났다는 것을 인식하는 것만으로도 행동과 감정을 조절하는 것에 반은 온 것입니다. 내가 어떤 상황 때문에 이 정도로 화가 났다는 것을 스스로 인지하는 과정이 나를 욱하지 않게 다스릴 수 있습니다. 그러면 "내가 이것 때문에 화가 났어"라고 말로 표현할 수 있게 되는 것입니다.

아이가 감정을 인식하거나 표현하는 것이 서툴다면 동화책을 활용하거나 주변의 친구들을 보면서 인식하도록 도와줄 수 있습니다. 친구가 울고 있다면 "친구가 울고 있네. 기분이 슬픈가 봐. 무슨 일이 있는 걸까?"라고 말하면서 슬픈 감정에 대한 표현과 상황을 생각해 보고 아이는 어떨 때 그런 기분이 드는지도 물어볼 수 있습니다. 또 동화책에 등장하는 주인공과 친구들의 감정에 대해서도 함께 나누어 볼 수 있습니다. 아이들은 자라면서 다양한 감정을 경험하고 자신만의 방식으로 표현합니다. 부정적인 감정을 느끼고 수용될 방법으로 표현하는 것도 배우게 됩니다.

만약 누군가 사소한 문제로 나에게 화를 냈다고 해봅시다. 그렇다면 그 사람에게는 그것이 사소한 문제라고 생각하지 않을 수도 있지만, 어쩌면 그 사람이 지금 마음이 급하고 또는 컨디션이 좋지 않아 평소 같으면 화를 내지 않을 일인데 화를 내는 것일 수도 있습니다. 결국, 화를 내는 것은 자기 마음의 문제입니다. 우리가 아이를 보면서 애가 말을 안 듣는다고 화를 내는 것도 결국 엄마 마음의 문제라는 이야기입니다.

제한설정과 기다리기

아이들은 연습을 통해 자신의 감정을 적절히 표현하도록 해야 합니다. 그러기 위해서는 자기조절과 통제를 가르쳐야 합니다. 항상 좋은 것만 보고 좋은 경험만을 제공받아서 좌절과 실패를 경험해보지 못한 아이는 그런 감정을 마주했을 때, 어떻게 해야 하는지 모릅니다. 그래서 크게 울어버리거나 소리를 지르기도 합니다. 처음으로 게임에서 졌을 때 저희 아이는 화를 내고 엉엉 울어버렸습니다. 사실 게임이라는 것은 이길 수도, 질 수도 있고 반반의 확률이라면 지는 것도 이기는 것만큼 자주 겪을 수 있는 일인데, 처음이라 자기가 질 수도 있다는 것은 생각하지 못했던 모양입니다. 물론 모든 아이가 게임에서 진다고 탠트럼(tantrum, 분노 폭발)을 일으키는 것은 아니겠지만, 결국 자신이 예상하지 못한 상황에 대한 수용을 연습해야 하고 그 과정에서 통제와 자기조절을 경험하게 되는 것입니다.

그러기 위해서는 가족의 일상이 무조건 아이 위주가 되어서는 안 됩니다. 요즘은 많은 가정에서 아이를 위주로 생활하고, 부모가 아이가 원하는 것을 빠르게 들어주려고 하는 경우를 자주 볼 수 있습니다. 아마도 '엄마들이 애착 형성을 위해서는 민감하고 즉각적인 반응이 중요하다는 것을 책에서 읽었나'하는 생각도 듭니다. 하지만 이렇게 아이가 원하는 것을 재깍재깍 제공해주는 것이 독이 될 수도 있습니다. 왜냐하면, 세상에서 살아갈 때 그렇게 자기가 원하는 것이 필요한 시점에 바로바로 제공되지 않는 상황을 자주 마주하게 되기 때문입니다. 그럴 때 아이는 그 상황에서 좀 더 기다려본다거나 다시 한 번 시도해 보는 등 상황을 스스로 해결하지 못하고 무력감을 경험하거나 굉장히 화를 내게 될 수도 있습니다.

그러므로 아이에게 제한설정을 통한 통제를 가르쳐야 합니다. 위에 상황처럼 아이가 원하는 것을 즉각 제공할 경우, 아이는 한계를 모르고 자신이 원하는 것은 무엇이든 할 수 있다는 착각에 빠질 수 있습니다. 하지만 세상에는 규칙이 있고, 할 수 있는 것과 해서는 안 되는 것이 분명히 존재합니다. 안 되는 것은 죽었다 깨어나도 안 되는 것이지, 어떤 날은 엄마가 기분이 좋으니 되기도 하고, 어떤 날은 엄마가 바빠서 안 되는 행동도 그냥 넘어가는 식으로 한다면 아이는 뭐가 되고 뭐가 되지 않는지를 배울 수 없습니다. 아이들에게 통제를 가르치는 것이 모든 것을 엄마가 결정한다는 의미는 아닙니다. 아이들도 자신이 선택할 수 있는 것은 하도록 해주어야 하고, 선택도 경험해보아야 합니다. 통제를 가르쳐야 할 부분은 식사시간에 돌아다니지 않기라든지 먹으면서 장난감 가지고 놀지 않기 같은 꼭 지켜져야 하는 부분에 대한 지침입니다.

일상생활에 필요한 적응기술 중 아이들이 어려워하는 것에는 기다리기가 있습니다. 사실 아이들의 특성상 대부분 아이에게 가만히 기다리는 것은 무척 어려운 과제입니다. 따라서 기다리는 것도 연습해야 가능할 수도 있습니다. 기다리기 연습은 아이가 좋아하는 간식으로 하면 효과적입니다. 마치 마시멜로 실험과 비슷합니다. 먼저 좋아하는 간식을 두고 바로 먹지 않고 타이머에 짧게 시간을 맞춰봅니다. 처음에는 짧게는 10초, 길어도 1분 이내로 설정하시는 것이 좋습니다. 타이머가 울릴 때까지 그냥 앉아서 기다리도록 합니다. 기다리지 못하고 간식을 잡으면 주지 않습니다. 소리가 나면 크게 칭찬하면서 간식을 먹도록 합니다. 아이가 잘하면 기다리는 시간을 조금씩 늘려봅니다. 그러다 보면 아이가 아무것도 하지 않고 앉아서 기다리는 것을 할 수 있게 되고 그러면 엄마를 불렀는데 엄마가 무엇을 하고 있을 때, 자신의 요구를 기다릴 수 있게 되는 것입니다.

프로그램 03

올바르게 표현하기

아빠와 함께 하는 아이 활동

"신나는 신문지 놀이"

자주 소리를 지르며 화를 내고 약간은 폭력적인 행동을 하는 아이들이 있지요. 아이가 왜 그렇게 감정조절이 어려운지, 부모로서는 이해하기 어려워요. 태어난 순간부터 아기는 세상의 중심이 자신이기에 아주 작은 일에도 자신이 원하는 대로 반응해주지 않는 부모나 상황에 부정적인 감정을 느끼게 되지요. 우리도 모두 다 그때는 그랬답니다. 아이들이 분노를 올바르게 표출하지 못하고 타인에게 공격적인 행동으로 표출하는 원인은 아이마다 다르므로 전문가의 도움이 필요합니다. 그렇다고 반드시 그런 행동을 하는 아이가 큰 문제가 있다고 생각할 필요는 없어요. 어린아이들은 자신을 둘러싼 환경에 따라 쉽게 변하고 세상의 모든 것들이 빠르게 스며들어 마치 '스펀지' 같은 존재들이니까요.

삶의 태도는 엄마에게서, 정서와 감성은 아빠에게서 습득된다고 해요. 양육이 대부분 엄마의 몫으로 여겨지지만, 아이가 놀이할 수 있는 시기가 되면 아빠가 온 몸을 던져 놀아주는 시간은 아이들의 정서적 안정에 매우 중요합니다. 아이들은 언어로 자신의 감정과 생각을 정확히 다 표현하기 어려우므로 오히려 어른들보다 억압된 감정이 훨씬 많기 마련이지요. 자신의 불편함과 화를 표현하지 못하니 왜곡된 방법으로 표출하게 되고, 그런 행동을 하면 혼나기만 하는 아이들의 힘겨운 감정은 어떻게 도와줄 수 있을까요?

인간의 감정은 좋고 나쁜 것이 없습니다. 모든 다양한 감정들은 당연하고 이해받고 존중받아야 합니다. 자신의 감정이 이해받고 존중받는 경험을 하면 그 감정이 타인을 향해 공격적으로 나타나지 않게 됩니다. 아이들이 분노를 올바르게 표현하는 사람으로 성장하도록 돕기 위한 한 가지 좋은 방법을 알려드릴게요. 이 활동을 힌트로 엄마 아빠의 창의성을 발휘하여 얼마든지 좋은 놀이를 또 개발해나갈 수 있으리라 생각합니다.

준비물

신문지(많을수록 좋음) / 스카치테이프 넓은 것 /
매직펜 또는 네임펜.

추천음악

1. Beethoven_ Piano Sonata No.23 In F Minor Op.57 'Appassionata' - 3. Allegro Ma Non Troppo
2. Mozart_ Requiem in D minor, K.626

프로그램 실행방법

❶ 신문지를 최대한 많이 준비한다.

❷ 음악을 틀고 두 손으로 신문지를 신나게 찢는다.

❸ 신문지를 힘차게 찢으면서 짜증 났던 일, 화났던 일 등을 생각하며 하고 싶은 말들을 한다(신문지를 찢는 동시에 음성반응을 유도하는 것인데 이때 아빠가 화났던 일을 떠올리며 솔직하게 그 감정을 표현하는 것을 보여주며 모델링이 되어주면 좋다. 아이가 표현하기 시작하면 아빠는 아이의 말을 들어주며 장단을 맞추어 주고 충분히 반응해 준다. 예: 아, 진짜 짜증 났겠구나! 아빠였다면 더 화났을 것 같은데! 더 화를 내도 괜찮아!).

❹ 신문지를 찢는 것이 지치고 지루해지면 찢어 놓은 신문지들을 산처럼 쌓는다.

❺ 찢긴 신문지들을 큰 소리를 내며 천정을 향해 신나게 뿌려본다(지금 가장 하고 싶은 말 한 가지를 생각하게 해서 그 말을 큰소리로 반복해서 하면서 동시에 하도록 함. 아빠도 똑같이 진심으로 해야 함).

❻ 5번의 활동이 힘들어지면 자리에 앉아서 찍은 신문지 일부를 손으로 뭉쳐 공 모양을 만든다(스카치테이프로 고정).

❼ 아빠와 아이의 공이 완성되면 다양한 색의 펜으로 그림을 그려주고 자신의 공에 스스로 이름을 붙여 준다.

❽ 신문지 공으로 실내에서나 야외에서 신나는 공놀이를 한다.

Key Point 신문지를 찢을 때는 서서 팔을 크게 휘두르며 과감하게 찢도록 한다. 가장 중요한 것은 신문지를 찢으면서 계속 음성언어(어떤 말이나 한숨 소리, 크게 소리 지르기 등)를 표현하거나 큰 소리로 화가 났던 순간의 감정을 떠올리며 말을 하는 것이다. 그리고 어떤 말이든 아빠는 이해하고 존중해주는 반응을 분명하게 보여주어야 한다. 평소에 '그런 말 하면 안 된다. 얌전히 있어라. 혼난다' 등의 반응으로 대응해 주었다면 놀이를 통해서는 이해해주고 공감해주는 언어적 반응을 해주도록 한다.

그리고 음악이 반드시 함께해서 분노의 작업을 승화시킬 수 있도록 돕고 내면에 역동을 이른 시간 안에 유도할 수 있다. 예술 활동은 억압된 감정을 안전한 환경과 도구를 통해 표출하도록 해주며, 아이의 모든 감정을 이해받는 경험이 아이들의 분노를 해소하게 해주고 감정을 스스로 조절할 방법을 스스로 터득하게 해준다.

예민한 아기

어떻게 재워야 할까요?

Q. 화장실에 들어갈 때 다르고 나올 때 다르다는 말이 있지요. 아기가 배 속에 있을 때는 무사히 태어나서 건강하기만 해도 정말 좋겠다고 생각했었는데…. 막상 부모가 되니 욕심이 생기는 것을 어쩔 수 없는 것 같습니다. 이 힘든 세상을 잘 살아가게 도와주어야 한다는 책임감도 느껴지는 것 같고요. 어떻게 키워야 똑똑한 아이로 잘 키울 수 있을까요?

A. 아이를 잘 키우고 싶은 마음을 솔직하게 표현하신 것 같습니다. 사실 지능은 유전의 영향을 많이 받습니다. 하지만 교육심리학자인 비고츠키(Vygotsky)는 아동의 인지 발달에서 교사와 아동, 그리고 아이들 사이에서 이루어지는 사회적 상호작용이 중요하다고 주장하였습니다. 그는 실제적인 발달수준과 잠재적 발달수준 사이의 영역인 근접발달영역을 제안하였는데요. 그것은 아이들이 더욱 성숙한 부모, 교사, 또래들과의 상호작용을 통해 더 높은 발달수준으로 도달할 수 있다고 본 것입니다. 이처럼 아이들의 뇌는 유전과 환경의 상호작용 때문에 발달하게 됩니다. 그러므로 우리 아이가 가지고 있는

잠재력을 최대한으로 발휘할 수 있도록 도와줄 수 있습니다. 그러기 위해서는 인간의 뇌 발달에 대한 이해가 필요합니다.

낮잠을 덜 재우시면 밤에 좀 더 잘 잘 수 있습니다.

어린 아기도 낮과 밤의 생체리듬은 지켜주는 것이 중요합니다. 낮에 낮잠을 자는 아기를 위해 암막 커튼으로 방을 어둡게 해주는 엄마들도 많이 있는데요. 그렇게 되면 우리 아기의 몸 안의 생체시계가 밤이라고 착각하고 수면호르몬인 멜라토닌을 분비하게 될 수도 있습니다. 그렇게 되면 낮과 밤에 바뀌는 힘든 상황이 벌어지게 됩니다. 따라서 아침에는 커튼을 걷고 밝은 빛을 보여줌으로써 아침이라는 것을 아기가 알게 하는 것이 좋습니다. 그리고 낮에 깨어있는 동안 엎드려 있는 운동을 시키시거나 물놀이 또는 베이비마사지를 해주시면 아기가 피곤해서 밤에 좀 더 잘 잘 수도 있습니다.

수면연상을 위한 자극을 활용하세요.

아기의 숙면을 위한 부드러운 이불과 인형을 준비해주는 것도 아기에게 좋은 수면연상을 심어줄 수 있습니다. 그리고 저녁에는 집안을 될 수 있는 대로 어둡게 해두고 수면 등/수유 등만 켜두어 자는 시간이라는 것을 알도록 해주면서 수면호르몬(멜라토닌)이 분비될 수 있도록 해줍니다. 또 어둡고 조용한 수면 환경이 좋긴 하지만 너무 조용한 것보다는 백색소음을 틀어주면 더 편안하게 잘 수도 있습니다. 이것은 아기들이 엄마 배 속에서 들었던 혈액이 흐르는 소리와 비슷해서 안정감을 주기도 합니다. 예전에는 이런 백색소음이 나오는 사운드 머신이 따로 있었지만, 요즘은 스마트폰 앱스토어에서 '백색소음', 또는 'White noise'라고 검색하시면 쉽게 찾아서 활용하실 수 있습니다.

밤에는 아기가 스스로 잠들 때까지 기다려주세요.

아기를 키울 때 민감하게 반응해주는 것이 중요하다는 것은 엄마들도 많이 알고 계십니다. 그런데 밤에 자다가 아기들이 어렴풋이 깨었다 다시 잠이 들기도 하는데, 그때 엄마가 민감하게 반응해서 다시 안아서 달래며 재우기 위한 행동을 하면 아기는 스스로 다시 잠드는 것을 배우지 못합니다. 우리는 자면서 3~4번의 수면 주기를 반복하게 되는데 얕은 잠을 자는 REM수면 상태일 때 아기가 칭얼댄다고 매번 안아주면 아기는 수면 주기와 주기 사이를 스스로 연결하지 못하고 매번 울게 됩니다. 따라서 아기가 스스로 수면 주기를 연결하는 것을 배울 수 있도록 기다려주세요. 그렇다고 악쓰고 우는 아기를 그냥 내버려 두라는 것은 아닙니다. 2~3분 정도 아기가 다시 잠들지 않는지 기다려보시면 아기가 스스로 다시 잠들어 푹 잘 수 있습니다.

아이들은 작은 공간에 들어가거나 숨는 행동을
재미있어한다. 작은 공간에서 제한된 행동만
가능하지만, 그 안에서 느끼는 심리적 안정감이 있으며
화를 잘 내는 아이도 그 안에서는 친구와 속삭이며
다정한 태도를 보이게 된다.

chapter

04

청개구리, 말 안 듣는 아이 키우기

나와는 너무 다른 내 아이

많은 엄마가 아이의 모든 것을
결정해주고자 합니다. 하지만 아이가
일상생활을 잘 수행하도록 하기 위해서는
자신이 선택하도록 하는 것이
더 바람직한 방향입니다.

고집부리기의 시작은 인지발달 과정

아이가 처음으로 고집이 생기는 시기는 언제일까요? 저는 18개월에 처음으로 아이에게 '자아가 생겼네'라는 느낌을 받았습니다. 그 전까지는 "이거 하자, 저거 하자"해도 방긋 웃으며 함께 해 주었고, 뭔가 만지더라도 다른 물건을 쥐어주면서 쉽게 주의를 전환시킬 수 있었는데, 그게 안 되기 시작했습니다. 한번 잡으면 그거여야만 하고 죽어도 뺏기지 않으려고 했습니다.

아이마다 성격이 다르긴 하지만 보통 18~24개월이면 아이들이 고집이 생기기 시작합니다. 이 시기에 아이들에게 무슨 일이 생기는 걸까요? 피아제의 인지발달 이론을 한번 살펴봅시다.

성장시기	나이	인지발달
감각운동기	0~2세	환경을 탐색하고 적응하는 시기. 대상영속성을 획득하고 상징적인 제스처를 사용할 수 있게 된다.
전조작기	2~7세	사물과 사건을 상징으로 표상할 수 있는 시기. 자아중심성과 물활론적 사고. 중심화.
구체적 조작기	7~11세	구체적인 사실과 경험에 근거하여 논리적으로 생각할 수 있음
형식적 조작기	11~성인기	추상적인 사고가 가능해지고 가능성에 근거하여 연역적으로 추론할 수 있음

표2. 피아제의 인지발달이론

24개월 무렵이면 아이는 감각운동기를 지나 전조작기에 돌입하게 됩니다. 감각운동기는 주로 감각을 통해 주변을 탐색하는 시기입니다. 전조작기가 되면 아이들은 자기 중심성을 가지게 됩니다. 자기가 세상의 중심이 되는 것입니다. 전조작기(Preoperational Stage)라는 말은 이후의 구체적, 형식적 조작기 이전단계라는 것으로, 다시 말해서 무언가를 조작하는 것은 어려운 조작기 이전의 시기라는 말입니다. 2세에서 6, 7세 정도까지 해당이 되는데 이 시기의 아이들은 다른 사람들도 자기랑 똑같이 생각한다고 여기고, 다른 사람의 관점이 자기 생각과 다르다는 것을 이해하지 못합니다. 그래서 고집을 부리게 되고, 타협하는 것이 어렵기도 합니다.

피아제가 고안한 '세 산 실험'이 이것을 증명해줍니다. 테이블에 세 개의 산 모형을 놓고 테이블의 세 면에 의자를 각각 놓습니다. 그러면 의자마다 산의 모양이 다르게 보입니다. 그렇지만 전조작기의 아이들은 이것을 이해하지 못하고 자기와 다른 방향에 앉은 사람도 자기와 똑같이 보고 있다고 생각한다는 것입니다. 사실 전조작기의 아이들이 하는 말을 잘 들어보면 무슨 말인지 모르는 경우가 허다합니다. 왜냐하면, 자기 혼자 상상 속에서 있었던 일이나 꿈에서 있었던 일을 아무렇게나 맥락 없이 이야기하기 때문입니다.

이 시기에는 아이들이 떼를 부리기 시작합니다. 자기 중심성이 강해지기 때문입니다. '미운 네 살'이 괜히 나온 말이 아닙니다. 아직은 인지가 미성숙하기 때문에 엄마의 말을 이해하지 못하고 아직은 본능에 충실한 귀염둥이를 이해해주어야 합니다.

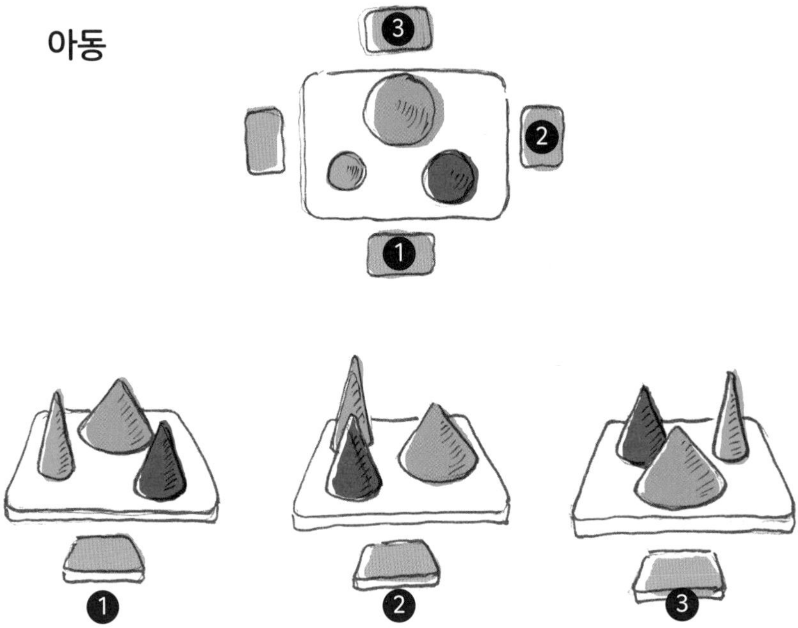

피아제의 세 산 실험

말 안 듣는 아이의 속마음

어린아이들은 엄마가 "안 돼"라고 이야기하는 것을 자기를 미워한다고 생각하거나 혼낸다고 생각하기도 합니다. 그래서 "안 돼" 한마디에 눈물 바람이 되기도 하고 화를 내기도 합니다.

아이가 엄마의 말을 듣지 않는 행동에는 아이의 메시지가 들어 있습니다. 그건 상황에 따라 다르겠지만, 몇 가지 예를 생각해봅시다. 엄마가 말을 했는데 아이가 움직이지 않는 것은 어쩌면 속상한 마음을 엄마가 알아주었으면 하고 생각하고 있는 것일 수 있습니다. 듣고도 못 들은 척하는 거지요. 이런 경우에는 엄마가 나의 마음을 알고 먼저 다가와 주기를 기다리고 있는 것입니다. 아마도 '내 마음을 내 입으로 말하기는 부끄럽고 엄마가 알아주세요'라고 무언의 메시지를 보내고 있는 것입니다. 이런 경우에는 모른 척하면서 마음을 읽어주면 아이가 좋아합니다.

어떤 경우에는 엄마의 관심을 끌고 싶으면서도 하기 싫다고 말할 때도 있습니다. 사실 이런 것은 이중 메시지에 해당합니다. 이중 메시지란 가족관계를 혼란스럽게 하므로 건강하지 못한 의사소통에 해당합니다. 예를 들어 말로는 "사랑해"라고 하면서 귀찮아하는 표정이라든지, "천천히 먹어"라고 하면서 식사를 서두르는 것이죠. 이런 이중 메시지를 보내는 엄마는 아이를 혼란스럽게 하고 아이는 엄마의 속마음을 정확히 알 수 없어 눈치를 살피고 불안해합니다. 따라서 엄마는 말과 행동이 일치하도록 노력해야 합니다. 하지만 아이가 이중 메시지를 사용하고 그것을 알아차렸다면 아이의 마음을 알아주려고 노력해야 합니다. 그리고 그럴 땐 이렇게 얘기하는 것이라고 알려주면 아이도 다음엔 조금 더 솔직하게 표현할 수 있을 것입니다.

아이와 타협하기

앞에서 말씀드렸다시피 아직 인지적으로 미성숙한 아이들과 타협을 하는 것은 무척 어렵습니다. 그렇지만 엄마는 아이를 바른 방향을 이끌어가야 할 책임과 의무를 지고 있습니다. 여기서 말하는 바른 방향이 엄마가 아이의 모든 것을 결정하는 것을 의미하지는 않습니다. 그저 아이가 다치지 않아야 하고 위험한 행동을 하지 못하도록 해야 할 것입니다. 또는 사회적으로 용인되지 않는 행동은 하지 못하도록 해야 합니다. 예를 들어 아이가 길거리에 다 먹은 과자봉지를 버렸다면, 엄마가 주우면서 이렇게 하면 안 된다는 것을 가르쳐주던지, 아니면 아이가 줍도록 가르쳐야 한다는 말입니다.

많은 엄마가 아이의 모든 것을 결정해주고자 합니다. 사실 육아를 하는 과정에선 아이에게 모든 것을 결정하도록 하는 것은 비합리적일 수도 있습니다. 하지만 아이가 일상생활을 잘 수행하도록 하기 위해서는 자신이 선택하도록 하는 것이 더 바람직한 방향입니다. 자기가 먹고 싶은 것을 먹을 때, 입고 싶은 것을 입을 때, 하고 싶은 것을 할 때 우리도 더 기분 좋게 신나서 할 수 있는 것 아니겠습니까. 아이들도 마찬가지입니다. 설령 아이가 선택한 것이 아이에게 맞지 않았다고 하더라도 "네가 선택한 거니까 먹자. 다음부턴 이거 고르지 말자"하고 다독여주면 그만인 것을 "그러니까 그거 하지 말라고 했지! 너는 맨날 엄마 말은 듣지도 않고..."라고 비난해봐야 서로 감정만 상하는 결과를 초래할 뿐입니다.

따라서 아이와 타협을 하려면 중재해야 하는 행동이 아닌 부분에서는 아이의 선택권을 존중해주어야 합니다. 유치원에 공주 드레스를 입고 간다고 하면 보통 엄마들을 싫어합니다. 어떤 엄마는 공주 드레스 사주는 것 자체를 꺼리기도 하고요. 하지만 이 시기는 자아중심성이 강한 시기이기 때문에 그런 엄마의 마음을 아이는 이해하지 못합니다. 엄마 눈엔 유치하고 활동하기에 거추장스러운 공주 드레스이지만 아이에게는 그것이 자신을 공주님으로 만들어주는 신데렐라의 드레스 같은 것이니까요. 만약 체육수업이 있어 체육복을 입어야 하는 날이 아니라면 드레스를 입고 유치원에 가는 것은 문제가 되지 않습니다. 단, 치마에 걸려 넘어지지 않도록 길이를 조정하거나 아이에게 조심하도록 당부하는 것은 필요할 수 있습니다.

아이에게 타협을 가르치는 것은 중요합니다. 그것은 우리가 단지 양육할 때 아이와 관계만이 아니라, 아이가 세상을 살아가는데 하나의 전략으로 활용되는 부분이기 때문입니다. 집에서 타협을 가르치지 못해서 아이가 독불장군으로 자라게 되면 친구들과의 관계에서도, 나중에 자라서 사회생활을 할 때도 타협을 모르는 아이가 됩니다.

그러기 위해서는 엄마도 아이의 말에 귀를 기울이고 되도록 들어주되 원칙적으로 해서는 안 되는 것에 대해서는 잘 설명해주어야 합니다. 그런데 아이들은 길게 설명하는 것이 효율적이지 않을 때도 많습니다. 엄마가 안 된다고 정한 원칙에 대해서는 "이건 안 돼. 위험해. 안 되는 거야"라고 단호하게 하고 거기에 긴 잔소리를 붙이지 않는 것이 더 효과적입니다.

꼭 필요한 중재만이 주어진다면 아이들도 자신이 절대 포기할 수 없는 부분 외에는 더는 고집을 부리지 않습니다. 말 안 듣는 아이는 사실 엄마가 아이의 말을 들어주지 않아서 생기는 문제일 수도 있습니다. 지금부터 아이의 말에 귀를 기울여 봅시다. 엄마의 일방적인 양육을 받고 자란 아이는 그 양육이 아무리 완벽하다고 할지라도 상대방과 상호작용을 하는 것에서 수동적이거나 의존적으로 자랄 수 있습니다. 또는 스스로 생각하고 판단하고 행동하는 것을 배우지 못할 수도 있습니다. 아이들이 설령 실수하더라도 다시 시도하는 것을 배울 수 있도록 스스로 해보도록 해야 합니다.

부적응 행동 원인 찾기

부적응 행동에는 다양한 원인이 있습니다. 아이가 주로 언제 엄마를 힘들게 하는지 한번 생각해보세요. 많은 아이가 마트에서 원하는 장난감을 사주지 않았을 때 바닥에 누워 울면서 사람들의 이목이 집중시킴으로써 엄마가 창피해서 얼른 상황을 종료시키기 위해 사주는 전략을 쓰기도 합니다. 또는 엄마의 관심을 끌기 위해 동생을 때리거나 바닥에 물을 쏟기도 합니다. 또는 뭔가가 하기 싫어서 떼를 부리는 예도 있습니다. 이렇게 부적응 행동을 하는 것은 자신의 불편함을 부적절한 방법으로 호소하는 것이라고도 할 수 있습니다.

따라서 고치고 싶은 행동이 있다면 아이가 언제 그런 행동을 하는지 유심히 관찰하여야 합니다. 정말 꼭 고치고 싶다면 기록을 해보는 것도 좋은 방법입니다. 아이가 언제, 얼마나 오랫동안 소리를 지르는지, 하루에 몇 번 장난감을 던지며 화를 내는지 체크해 봅시다. 그리고 아이가 그렇게 함으로써 어떤 일이 벌어지는지 관찰해 봅니다. 아이가 마트에서 떼를 부리면 사람들의 시선이 창피해서 원하는 것을 사주시지는 않았는지, 아이가 소리를 지르며 화를 낼 때면 아이를 안아서 달래주었는지 잘 생각해보시기 바랍니다.

결국, 그런 행동을 고치고 싶다면 아이가 왜 그런 행동을 하는지를 생각해보아야 합니다. 언제, 무엇 때문에 그런 행동을 하는지, 결과적으로 아이가 얻는 것은 없는지 살펴보시면 분명 아이는 자기가 원하는 목적을 달성하고 있을 것입니다. 하지만 이 행동의 고리를 끊으려면 아이가 원하는 것을 얻을 수 없어야 합니다. 그 행동이 왜 하는 것인지를 찾았다면 그다음에는 적절한 방법으로 그것을 요구하도록 가르치면 됩니다.

만약 아이가 텔레비전을 더 보고 싶은데 엄마가 그만 보라고 하면서 TV를 꺼버리자, 울면서 떼를 부린다고 해봅시다. 그것이 매일 반복된다면 엄마도 'TV 시청'에 대한 규칙을 세워야 합니다. TV를 보기 시작할 때, "우리 미니특공대 한 편만 보자"라고 말해주고 그 약속한 방송이 끝나면 TV를 꺼야 합니다. 그런데 더 보고 싶으면 아이에게 "한 번 더 보고 싶어요"라고 말하도록 하고, 아이가 떼쓰지 않고 정중하게 말한다면 하루에 한 번은 더 보여주겠다고 약속을 하는 겁니다. 계속 더 보고 싶다고 온종일 TV를 볼 수는 없지만, 네가 엄마에게 말하면 엄마도 들어주려고 노력하겠다는 태도를 보여주는 것입니다.

아이가 부적절한 행동을 통해 원하는 것을 얻을 수 없도록 하면 아이는 더는 그 행동은 하지 않게 됩니다. 많은 아이가 의외로 엄마의 관심을 끌기 위해 과격한 행동을 하기도 합니다. 그 관심이라는 것이 꼭 따뜻한 것이 아닌 엄마를 화나게 하는 부정적인 관심이 될 수도 있습니다. 따라서 아이가 화를 낼 때 함께 소리치거나 화를 내는 것은 불난 집에 부채질하는 격이 될 수도 있습니다. 아이가 장난감을 던지거나 화를 낼 때는 그것에 반응을 해주지 않는 것이 좋습니다. 한 번 중재를 시작하면 일관성을 가지고 해야 하고 이랬다저랬다 하면 아이도 혼란스러워지고 행동도 더 나빠질 수 있습니다.

밖에서는 사람들이 있어서 창피할 수도 있지만, 그 창피함은 순간입니다. 설령 사람들이 보고 있다고 해도 단호한 태도를 보여야 문제를 해결할 수 있습니다. 그리고 아이가 좀 가라앉으면 차분한 목소리로 이야기합니다. 원하는 것을 말로 해야 엄마가 들어줄 수 있다는 이야기를 해줍니다. 아이가 스스로 감정을 추슬렀다면 이에 대해 격려하고 지친 아이를 위로해 주어야 합니다. 그리고 아이가 소리 지르지 않고 말로 표현했을 때 아이를 크게 칭찬해 주어야 합니다.

아이가 심하게 떼를 써서 반응하지 않는 방법을 사용할 때 처음에는 행동이 더 과격해질 수도 있습니다. 이때 아이를 혼자 두는 것은 위험합니다. 바닥에 머리를 부딪치지 않도록 안전한 곳으로 이동하는 것이 좋습니다. 반응해주지 않기에는 위험할 것 같다면 아예 상황이 발생하기 전에 아이를 안고 자리를 피해서 그 상황이 벌어지지 않도록 하는 것이 낫습니다.

아이가 그렇게 반응하는 것은 여러 가지 원인이 있을 수 있습니다. 엄마나 아빠 중에 다혈질의 성격이신 분이 있다면 유전적으로 그런 성격을 가진 것일 수도 있고, 또는 마음속에 불편한 부분이 일상에서 그런 반응으로 보이는 것일 수도 있습니다. 또 청소년기에 접어들게 되면 호르몬의 변화로 인해 정서가 불안정해질 수 있고 좌절이나 불만족스러운 감정으로 인해 반항적인 모습을 보이게 되기도 합니다. 따라서 원인이 무엇인지 먼저 생각해보고 아이와 그것에 관한 대화를 나누어보는 시간을 갖는 것이 필요합니다.

프로그램 04

속마음 표현하기

또래 친구와 함께 하는 아이 활동

"내가 무대의 주인공"

"천 길 물속은 알아도 한 길 사람 속은 모른다"라는 속담이 있지요. 그만큼 사람 마음은 알기 어렵다는 의미입니다. 나도 나 자신의 진짜 마음을 알기 어려울 때가 많은데 아무리 내 자식이라고 해도 아이의 마음을 제대로 이해하기에는 참 많은 어려움이 있습니다. 그래서 부모들은 최선의 선택을 해야 하고 그러기 위해서는 인간을 이해하는 데 도움이 되는 책도 많이 보고 심리학 공부도 하면서 아이들의 발달단계와 성장 과정에서 나타나는 자연스러운 행동들을 알고 이해해야 합니다. 아이들을 키우면서 부모가 같이 성장하는 이유는 이렇게 배우고 느끼고 다시 이해하며, 자기성찰의 과정이 이루어지기 때문입니다. 세상에 태어나서 처음 해 보는 엄마의 역할, 아빠라는 이름표를 덥석 받아 놓고 부족한 것은 당연한 일이지요. 부족하면 부족한 대로 깨닫고 배우며 부모도 시행착오를 하는 과정입니다.

첫째 아이보다 둘째 아이를 키울 때 아이를 대하는 태도와 양육방식이 조금 달라지지요? 바로 그 이유입니다. 둘째 아이는 무심하게 키우는 것이 아니라 더 지혜롭게 키우게 되는 것이지요. 적당한 관심과 적당한 방임이 지혜롭다는 의미가 바로 부모 역할에서 중요한 '균형'을 말하는 것입니다. 아무래도 두 번째는 더 잘할 수밖에 없지요. 그래서 첫째 아이와 둘째 아이가 같은 뱃속에서 나왔어도 성격이 많이 다른 것입니다. 결국, 부모가 성격을 만들어 준 것인데 '어떻게 저렇게 다를까?'라고 생각하며 신기해하곤 하지요. 아이들의 모든 것은 부모의 작품입니다.

엄마 아빠 말을 안 듣는 아이, 자꾸 떼쓰며 고집부리는 아이, 하지 말라고 해도 자꾸 하는 아이의 마음은 무엇일까요? 그 어린 영혼의 마음을 알기 위해 가장 좋은 방법은 놀이를 통해서 발견하는 것입니다. 놀아줄 시간도 없고 체력도 없다고 생각할 수 있지만, 다른 일들을 우선 미루어 놓고 대충하더라도 아이와 놀아주는 일은 반드시 우선순위가 되어야 합니다. 내 아이의 정서적 안정보다 더 중요한 게 무엇인가요?

아이들은 자신의 마음을 표현하는데 제약이 있어서 그 속은 얼마나 답답할까요. 아이들이 좋아하는 매체를 선택해서 무대를 만들고 연극놀이를 해 보는 것입니다. 제가 어릴 때는 종이 인형을 오려서 가지고 놀면서 역할극 놀이를 참 많이 했던 기억이 납니다. 지금 돌이켜 보면 아이들에게 정말 좋은 놀이였어요. 남자아이들은 공룡 피겨(figure)나 자동차를 좋아하고, 여자아이들은 사람이나 동물 형상의 인형을 좋아하지요. 어떤 것이든 연극놀이를 하기에 좋습니다. 아이가 한참 흥미를 느끼고 애착을 보이는 사물로 시도해 보세요. 매일 가지고 노는 장난감이지만 엄마가 섬세한 감각으로 개입해서 아이의 마음속 자료들을 많이 얻어낼 수 있습니다.

준비물

아이가 좋아하는 피겨, 인형, 자동차 등, 큰 사이즈의 박스(마트에서 부탁하면 구할 수 있는 사과 상자 같은 것으로 아이가 들어가 앉아있을 수 있는 정도의 크기) / 다양한 색의 색종이 / 예쁜 포장지 / 풀 / 스카치테이프.

프로그램 실행방법

❶ 큰 박스를 구해서 한 면의 1/3 정도의 면적을 네모 모양으로 오려낸다.

❷ 박스의 외부를 아이와 함께 다양한 색종이와 포장지 등을 붙여 꾸며준다. 아이들이 좋아하는 스티커를 붙여도 좋고 색종이 위에 그림을 그려도 좋다.

❸ 네모난 구멍을 낸 반대쪽에서 상자가 열리게 만들어서 아이 두 명이 각자의 장난감을 하나씩 들고 상자 안으로 들어가 앉는다.

❹ 박스 안 어두운 아래의 공간은 무대 뒤 배우들이 대기하는 공간이 되고 네모난 구멍은 무대가 된다.

❺ 엄마 아빠와 상의하여 미리 결정한 특정한 상황이나 역할에 맞게 두 명의 아이들이 두 사람의 역할을 맡아 연극을 시작한다.

❻ 네모난 구멍으로 아이들의 손과 장난감만 보일 수도 있고 아이들 얼굴도 같이 보일 수도 있다. 아이들이 편한 대로, 원하는 대로 하면 된다.

❼ 엄마와 아빠는 상자가 잘 보이는 의자에 앉아 객석의 관객이 되어 두 장난감이 말을 하고 대화를 할 때마다 강렬한 반응을 해준다(감탄사, 웃음 등).

❽ 두 사람이 역할을 바꾸어서 다시 연극을 시도해 본다.

Key Point 아이들은 작은 공간에 들어가거나 숨는 행동을 재미있어한다. 작은 공간에서 제한된 행동만 가능하지만, 그 안에서 느끼는 심리적 안정감이 있으며 화를 잘 내는 아이도 그 안에서는 친구와 속삭이며 다정한 태도를 보이게 된다. 박스 안에서 연극 공연을 하는 것은 아이들에게는 무척 신나는 놀이가 될 수 있다. 큰 박스를 구하는 게 번거로운 일이지만, 아이 손으로 직접 만든 내 집 같은 자신의 무대는 아이가 마음이 힘들 때나 화가 날 때, 들어가서 자신의 마음을 은유적으로 표현할 수 있는 안전한 공간과 환경이 되어줄 수 있기에 아이에게는 특별한 장난감이자 안식처가 될 수 있다.

육아칼럼

강아지를 무서워하는 아이

동물 포비아

Q. 아이가 강아지를 정말 무서워해요. 그런데 요새 반려견을 기르는 사람들이 많다 보니 아파트 단지 내에서도 산책하는 강아지들과 자주 마주치게 됩니다. 어제는 엘리베이터를 같이 탔다가 내릴 때까지 소리를 지르며 울어 난감했네요. 저는 강아지를 좋아하는데 아이는 특별히 나쁜 기억이 있는 것도 아닌데 아주 무서워합니다. 어떻게 하면 이런 공포증을 이겨낼 수 있을까요?

A. 저도 동네에서 산책하는 개가 많아졌다는 것을 느낍니다. 우리 동네 공원에는 강아지놀이터도 따로 마련되어 있더라고요. 반려견과 더불어 살아가는 사회가 되어가고 있는데 아이가 강아지를 매우 무서워해서 불편하시겠네요. 특별한 사건이 없더라도 4~6세의 아이들은 무서워할 수 있습니다. 그 시기의 아이들은 몬스터나 유령 같이 실재하지 않는 대상에 대해 공포를 느끼기도 하니까요.

두려운 이유를 들어봅시다.

인지적 재구성을 통해 두려워하는 대상에 관한 생각을 바꾸어볼 수 있습니다. 먼저 아이에게 강아지가 왜 무서운지에 관해 물어봅시다. 그러면 '물까 봐', '짖을까 봐' 등 아이가 생각하는 부정적인 느낌에 관한 이야기를 들을 수 있겠지요. 그런데 아마도 산책을 하는 강아지들은 목줄에 묶여있을 것입니다. 만약 그렇지 않다면 당연히 무서워할 수 있는 부분이고요. 강아지가 묶여있기 때문에 너한테 와서 물 수 없다는 현실을 알려주는 겁니다. 그리고 강아지가 짖는 것은 강아지 나름대로 말을 하는 것이라고 알려주세요. 강아지는 사람처럼 말하지 않고 강아지의 언어로 말하고 있는 것이니까 짖는다고 해서 무서워할 필요가 없다는 것을 알면 한결 마음이 편안해질 것입니다.

두려운 대상에 대한 노출훈련

좀 더 적극적인 대처 훈련으로는 노출을 시키는 것이 있습니다. 말 그대로 두려운 상황에 직면하는 것이지요. 하지만 자지러지게 우는 아이를 강아지 앞에 데려다 놓는 것은 아이에게 너무 힘들 수 있습니다. 그럴 때는 먼저 강아지 사진을 보여줍니다. 작고 귀여운 강아지 사진과 크고 위협적인 개 사진까지 단계적으로 보여줄 수도 있습니다.
어쩌면 아이는 "사진은 안 무서워"라고 할 수도 있고 사진도 만지기 싫어할 수도 있겠지요. 그래도 사진으로 먼저 대상을 자주 접하다 보면 사진을 보는 것은 더는 감정의 동요를 일으키지 않게 될 겁니다.
그다음으로는 강아지가 나오는 영상을 보여줄 수 있습니다. 사진보다는 더 실제적이기 때문에 무서울 수 있으니 귀엽고 친근한 모습을 담은 비디오가 좋습니다. 공격적이고 사나운 개의 이미지는 공포증을 더 유발하게 될 테니까요. 그리고 사진이나 영상을 보여주면서 아이가 무섭지만 견딘 것에 대해 칭찬해 주고 느낌이 어땠는지 이야기를 나누어봅니다.

그다음 단계로는 케이지에 담긴 개를 보여주거나 줄에 묶인 개를 보여줄 수 있습니다. 처음에는 작은 개로 시작하는 것이 더 좋습니다. 개가 묶여있거나 갇혀있을 때는 위험하지 않다는 것을 학습하도록 격려하고 잘 견딘 것에 대해 크게 칭찬하도록 합니다.

개를 무서워한다고 해서 계속 피해 다니면 아이는 새로운 학습의 기회를 잃게 되고 결국 개에 대한 아이의 공포는 계속될 것입니다. 아이가 두려워하는 대상에 대한 공포증을 극복하는 과정을 통해 자신감을 얻게 될 것이고 아이는 세상을 향해 한 발 짝 더 나아가게 될 것입니다.

chapter

05

산만하고 부산스러운 아이 키우기

나와는 너무 다른 내 아이

아이를 잘 관찰하면 아이가 어떨 때
산만하고 그렇지 않은지 알 수 있습니다.
보통의 아이들은 자기가 좋아하는 것에는
집중을 잘하고 천재적인 기억력을
보이기도 합니다.

우리 아이는 왜 산만할까요

아이 키우는 집의 거실이 어지럽혀져 있는 것은 흔한 일입니다. 아이들이 산만하고 부산스러운 것도 이상한 일이 아닐 수 있습니다. 아이들은 아직 뇌가 미성숙하기 때문에 어른보다 주의집중시간이 짧고, 또 어른들은 이미 알고 있어 관심을 두지 않는 주변의 사물들에도 아이들은 호기심을 갖고 다양하게 관심을 두기도 합니다. 그런 것이 행동으로 보일 때는 부산스러워 보일 수도 있습니다.

주변에 다양한 관심을 두고 적극적으로 탐색하는 것이 부산스럽게 보일 수 있겠지만, 그것은 아이의 인지적 탐색 활동이 활발하게 이루어지고 있다는 증거이고, 아이의 발달에 꼭 필요한 부분입니다. 그런 부분이 제대로 이루어지지 못하게 되면 아이는 나이에 적절하게 발달에 필요한 정보를 습득하지 못하거나 뒤처지게 될 수도 있습니다. 하지만 아이가 산만함이나 주의력 문제로 유치원이나 학교에 적응하기 어려울 때는 ADHD(주의력 결핍 과잉행동 장애)라든지 또는 정서적인 어려움으로 인해 무언가 집중하는 것에 방해를 받는 것은 아닌지 살펴보아야 합니다. 산만하다고 해서 모두 ADHD는 아닙니다. 만약 ADHD가 의심되신다면 가까운 소아정신과에 방문하셔서 검사를 해 보실 것을 권합니다.

ADHD 같은 뇌의 기질적인 문제 이외에도 엄마의 잘못된 양육태도나 아이의 불안 때문에 산만한 모습을 보이는 아이들도 많습니다. 우리도 불안할 때는 두리번거리고 손톱을 물어뜯거나 가만히 앉아있지 못하고 안절부절못하는 모습을 보이게 됩니다. 아이들도 마찬가지입니다. 무언가 불안한 상황이 되거나 기질적으로 불안이 높은 아이들의 경우에는 차분히 있는 것이 어려울 수 있습니다.

아무튼, 아이가 또래에 비해 지나치게 부산스러워 보인다면 원인을 찾아서 적절한 도움을 주는 것이 아이뿐만 아니라 엄마를 위해서도 꼭 필요한 일입니다. 왜냐하면, 부산스러운 아이는 다치기 쉽고, 아이가 다치면 엄마는 자기가 다치는 것보다 몸도 마음도 더 힘들어지기 때문입니다. 다친 아이를 치료하고 돌보느라 몸도 힘들지만, 내가 제대로 돌보지 못해 다친 것이라는 죄책감과 미안함, 대신 아파주고 싶다는 엄마 마음까지 더해져 몇 배는 더 힘든 것이 아이가 아픈 일입니다.

따라서 아이가 산만하다면 그에 맞는 처방을 찾아야 합니다. "우리 애는 원래 그래"라며 그냥 넘긴다면 개입에 적절한 시기를 놓치게 됩니다. 아이들은 유연하고 성장을 하는 중이기 때문에 충분히 달라질 수도 있지만, 이 시기가 지나게 되면 더 고치기가 어려워지게 됩니다.

산만함의 원인을 찾아보자

아이가 주로 언제 산만해지는지 생각해 봅시다. 만약 책 읽는 시간, 공부하는 시간에 주로 산만한 모습을 보인다면 책을 읽는 환경이나 공부하는 환경이 아이를 산만하게 하는 것은 아닌지, 아이가 그 활동을 싫어하는 것은 아닌지 살펴보아야 합니다.

저희 아이는 책을 보거나 그림을 그릴 때는 정말 집중을 잘합니다. 하지만 밥을 먹을 때는 좀 산만한 편입니다. '식사 지도를 좀 더 잘해야 하지 않았나'하는 생각이 들기도 합니다. 어렸을 때는 밥 먹는 것에만 집중해서 잘 먹었던 것 같은데 크면서 점점 재미있는 것들이 많아져서 그런지 밥을 먹으면서도 놀고 싶은 모양입니다. 밥도 별로 맛있게 먹지 않는 것 같습니다. 절반 정도 먹고 나면 그때부터 돌아다니려고 하거나 밥을 입에 물고 딴짓하기도 합니다. 그럴 때는 식사를 종료해도 되는데, 키와 비교하면 마른 편이다 보니 그만 먹으라는 말도 잘 하지 않게 되고 어떻게든 한 숟가락이라도 더 먹이려고 하게 되는 것 같습니다. 결국, 그게 아이를 더 밥 먹기 싫게 만들고, 아이는 점점 식사에 흥미를 잃게 되는 것이죠. 그러면 아이는 밥을 먹는 것에 집중이 안 돼서 주변에 관심을 가지며 부산스러워집니다.

따라서 아이를 잘 관찰하면 아이가 어떨 때 산만하고 그렇지 않은지 알 수 있습니다. 보통의 아이들은 자기가 좋아하는 것에는 집중을 잘하고 천재적인 기억력을 보이기도 합니다. 많은 아이가 공룡을 좋아하지요. 제가 어릴 때를 생각해 보면 공룡이라면 티라노사우루스 정도만 알고 있었던 것 같은데, 요즘 남자아이들은 공룡을 학명으로 다 알고 각 공룡들의 특징도 줄줄 외고 다닙니다. 또 아이들이 자기가 좋아하는 애니메이션을 볼 때는 눈에서 레이저가 발사될 것 같은 집중력을 보입니다. 하지만 관심이 없거나 싫어하는 것을 할 땐 그다지 관심이 없고 집중하는 모습을 보이지 않습니다.

만약 아이가 불안해서 안절부절못하는 모습을 보이는 것 같다면 아이의 심리상태를 검사해볼 수도 있습니다. 불안한 아이들은 잠을 잘 자지 못하거나 악몽을 자주 꾸기도 합니다. 아이가 분리불안이 심했다거나 또는 어떤 신변의 변화(이사, 전학 등)가 있었다면 불안한 상태일 수 있습니다. 또는 엄마나 아빠가 불안이 높은 편이면 유전적 요인이 있거나, 양육환경에서 높은 불안이 전이되었을 수 있습니다.

하지만 만약 아이가 온종일 산만하다면 ADHD가 아닌지 진지하게 고려해보아야 합니다. ADHD란 생물학적인 문제이기 때문에 본인의 노력 여하와 관계없이 한 가지에 주의를 지속하기가 어렵습니다.

ADHD (주의력 결핍 과잉행동 장애)란?

ADHD는 임상진단이기 때문에 평가하는 데 있어서 임상 전문가의 진단이 있어야 합니다. 주 증상으로는 한 곳에 주의를 유지하기 어렵고 쉽게 지루해하며 짜증을 내거나, 또는 충동을 통제하기가 어렵고 과도한 활동을 보이고 몸을 가만히 있지 못합니다.

사실 자녀가 어릴 때는 쉽게 판단하지 못할 수 있습니다. 고집이 세거나 활동적이고 인내심을 부족한 것 정도로 생각하고, 아직 어리기 때문에 그런 행동을 반복한다고 생각하기 쉽습니다. 하지만 어린이집이나 유치원에서 단체 활동을 하게 되면서 문제가 발생하기 시작하지요. 수업 시간에 앉아있지 못하고 돌아다닌다거나 가만히 기다리기가 어려워 순서를 지키지 않는 문제 등으로 아이는 부정적인 피드백을 계속 받게 됩니다. 이런 것은 적응에도 어려움을 주지만 이차적으로 아이에게 심리적인 어려움을 겪게 하고 지속해서 부정적인 피드백을 받은 아이는 자존감이 낮아질 수밖에 없습니다.

유치원이나 어린이집에서는 부적응적인 모습을 보여도 아이가 어리기 때문에 선생님도 어느 정도는 감안해주기도 합니다. 하지만 초등학교에 들어가면 더는 이런 문제들이 아이이기 때문에 그렇다고 여겨지지 않습니다. 자녀의 상태를 제대로 인식하지 못하고 대수롭지 않게 여기던 부모들도 초등학교 입학 시기부터는 문제점을 인식하게 됩니다. 하지만 많은 부모가 아이의 문제를 알면서도 인정하고 싶지 않아서, 또는 두려워서 병원을 찾는 것을 꺼리기도 합니다. 하지만 아이를 하루빨리 도와주기 위해서는 처음 문제라고 인식되었을 때 바로 병원에 가보는 것이 시간을 버는 일입니다. 한 살이라도 어렸을 때 치료를 받아야 그 이후 아이의 삶이 달라지는 것이니까요.

ADHD의 원인은 신경학적인 원인으로 발생하는 뇌의 기질적인 문제로 보고 있지만 정확한 원인은 명확하지 않습니다. 하지만 일반적으로 사람들이 생각하는 양육 태도의 문제라든지 환경적인 요인에 의한 영향은 비교적 적습니다.

따라서 만약 ADHD로 진단을 받을 경우, 적극적으로 치료에 임해야 합니다. 때에 따라서는 약물치료도 필요하다면 해야 합니다. 많은 엄마가 아이에게 정신과 약물을 먹이는 것에 대한 거부감을 가지고 있지만 사실 우리가 필요하면 감기약을 먹고 항생제도 먹듯이 약을 먹어서 얻는 것이 크다면 약물치료도 당연히 고려해야 합니다. 사실 약물치료는 다른 심리치료나 행동 치료와 비교하면 훨씬 적은 비용으로 짧은 시간에 효과를 볼 수 있는 치료법입니다. 의사의 처방하에 잘 관찰하면서 진행한다면 충분히 긍정적인 효과를 기대할 수 있으니 무조건 거부해서 치료가 힘들어지게 되는 것은 도움이 되지 않습니다.

아이들의 불안 낮추기

불안이란 구체적인 문제나 걱정거리 없이 마음속에서 무언가 미래에 안 좋은 일이 일어날 것 같은 걱정을 하는 것입니다. 아이들의 불안은 어른의 불안장애와 구별되어 진단됩니다. 왜냐하면, 아이들의 불안은 성장 과정에서 특정 시기에 발달 과정상에서 불안이 나타나기도 하고(분리불안, 특정 공포증 등) 또 어렸을 때 불안했다고 해도 커서는 정상적으로 성장하는 경우가 많기 때문입니다. 또한, 성인이 되어 불안장애를 진단받는 사람 중에 어렸을 때는 별일 없이 잘 성장한 예도 많습니다.

아이들은 처음 태어나 엄마와 밀착된 관계로 성장하다가 돌 무렵 자기와 엄마를 인식하기 시작하면서 분리불안을 경험하기 시작합니다. 이것은 분리불안이라고 하기도 하지만 사실 인지가 성장하면서 낯선 사람과 애착 대상을 구별할 수 있게 되는 '낯가림'도 분리불안의 증상 중의 하나인 것으로 대부분 아이에게서 볼 수 있습니다.

아이들이 성장하면서 인지와 정서발달에 따라 감정도 점점 발달하게 되는데, 4~5세경에는 '공포증'을 흔하게 경험하게 됩니다. 우리가 '포비아(Phobia)'라고 부르는 것입니다. 아이들은 4~5세경 괴물(Monster)이나 벌레, 동물, 깜깜한 곳 등 다양한 것에 대한 공포를 느끼게 됩니다. 이것 또한 대부분 아동이 경험하지만, 정도의 차이가 있습니다. 이는 아동의 성격이 소심하거나 겁이 많아 나타나기도 하지만 아이를 과잉보호하거나 실제 생활에서 뭔가 무서운 상황을 경험하면서 생기기도 합니다. 이런 것들은 성장하면서 자연스럽게 해결되기도 하지만 만약 점점 심해져서 일상생활이 불편하다면 치료의 개입이 필요할 수도 있습니다.

어린아이들은 어떤 상황에 대한 정확한 이해가 부족하므로 원인과 결과를 분명하게 연결하지 못하고 이로 인해 불안이 발생하기도 합니다. 예를 들면 엄마가 원하는 것을 들어주지 않는 상황이 생기면 엄마가 나를 미워한다고 오해를 할 수 있습니다. 또는 자기가 생각하는 대로 잘 안 되는 것에서도 불안해질 수 있습니다. 아이들은 세 살이 되면 무언가를 스스로 하고 싶어 하는데, 그것을 모두 스스로 할 능력은 되지 않습니다. 그래서 "내가 할 거야"라고 하고선 여러 번 시도하다 잘 안 되면 도움을 요청하는 것과 스스로 하는 것 사이에서 심리적 갈등을 경험하게 됩니다.

엄마의 사랑에 대한 불안을 경험하기도 합니다. 어린아이들은 엄마가 화를 내면 "엄마는 나를 안 사랑해"라고 쉽게 말하곤 합니다. 정말 듣기 싫은 말입니다. 자기가 잘못한 상황에서 엄마가 화를 냈다고 저렇게 말을 하곤 하니까요. 하지만 아이의 입장에서는 유기에 대한 두려움을 표현하는 것입니다. 아이들은 엄마가 화를 내더라도 여전히 나를 사랑하고 상황에 따라 엄마의 감정이 달라진다는 것을 생각하지 못하기도 합니다. 그러므로 화를 내더라도 아이가 불안을 느낄 만한 상황을 만들지 않는 것이 좋습니다. 예를 들면 방문을 닫고 혼자 들어가 버리거나 아이를 바닥에 내동댕이치는 일은 없도록 해야 합니다.

아이들의 불안을 잠재우기 위하여 수용적이고 일관성 있는 양육을 해야 합니다. 아이들을 불안하게 하는 것은 다양한 원인이 있지만, 이것을 잠재우기 위해서는 안정적인 애착 관계가 필요합니다.

애착 이론을 발달시킨 학자 보울비(Bowlby)는 새끼 원숭이를 데리고 실험을 했습니다. 철사로 된 어미 원숭이와 헝겊으로 된 원숭이를 나란히 만들어놓고, 새끼 원숭이가 낯선 상황에서 어떻게 행동하는지 관찰하는 것이었습니다. 그런데 젖병은 철사 원숭이에 달아 놓았습니다. 이 실험이 발표되기 이전에는 애착이라는 것이 수유 때문에 이루어진다는 이론이 우세하였습니다. 하지만 결과적으로 새끼 원숭이는 헝겊 원숭이에게서 대부분 시간을 보냈습니다. 배가 고플 때, 잠깐 철사 원숭이에게 가서 우유만 먹고는 다시 헝겊 원숭이에게 붙어있었습니다. 이것이 접촉 위안을 증명하는 실험입니다. 이 실험을 통해 애착이라는 것이 단지 모유 수유로 형성되는 것이 아니라 스킨십이 더 중요하다는 것을 증명하게 된 것입니다. 그러므로 아이들을 많이 안아주고 등을 어루만져 주는 것이 아이들의 마음을 편안하게 해줄 수 있는 최고의 방법입니다.

아이를 가장 불안하게 하는 것은 일관성 없는 엄마의 반응입니다. 엄마가 항상 일관성 있게 반응한다면 아이는 엄마의 반응을 예측할 수 있습니다. 하지만 엄마가 이랬다저랬다 하면 아이는 엄마를 예측할 수 없습니다. 어떤 날은 엄마가 기분이 좋아서 초콜릿을 먹고 싶은 대로 먹을 수 있다가, 다른 날은 기분이 좋지 않다고 초콜릿을 달라고 하는 아이에게 "그러다가 이 썩는다! 먹지 마!"라고 소리친다면 아이는 초콜릿이 나쁜 것인지 좋은 것인지 판단하지 못하게 되고 어떻게 해야 할지를 모르게 됩니다.

엄마의 일관적인 반응과 더불어 일과도 같은 시간에 움직이는 것이 좋습니다. 같은 시간에 밥을 먹고, 씻고 잠자리에 들 수 있도록 하는 것이 아이가 자신의 일과를 예측할 수 있도록 도와주는 것입니다. 이렇게 정해진 시간표에 따라 같은 스케줄로 생활하는 것 또한 아이들의 불안을 낮추는 것을 도와줄 수 있습니다.

아이가 특별히 어떤 상황을 견디기 힘들어한다면 왜 그 상황에서 불안한지 아이와 이야기를 해 보는 방법도 있습니다. 아이들은 불안이라는 단어가 낯설 수 있으니, 기분이 좋을 때, 슬플 때, 화가 날 때 함께 이야기를 나누어보는 것이 좋겠습니다. 그래서 어떨 때 아이가 가장 무서운지, 그럴 때 몸은 어떤 느낌인지 얘기해보도록 하고 그럴 때 엄마는 어떤지 함께 얘기할 수 있다면 더 좋습니다. 그리고 그럴 때 어떻게 하면 좋을지에 대해 함께 얘기해봅니다. 만약 "심장이 쿵쾅쿵쾅 뛰어"라고 이야기한다면, 아이가 릴렉스할 수 있도록 심호흡을 함께 연습해볼 수 있습니다. "자, 머릿속으로 숫자를 세면서 크게 숨을 쉬어보자. 하나~ 습(들숨) 둘~ 휴(날숨)." 이렇게 긴장을 조절하고 신체를 이완시키는 것을 통해 아이뿐만 아니라 우리 어른들도 불안을 조절할 수 있습니다. 사실 걱정이라는 것이 실체가 없이 막연한 걱정에서 오는 것일 때가 훨씬 많으므로 자기의 마음을 다스리는 것을 통해 어느 정도는 조절할 수 있습니다.

어떤 아이는 엄마가 일하는 것이 싫다고 했습니다. 엄마와 함께 유치원에 가고 싶고, 갔다 와서도 함께 놀고 싶은데 엄마는 아침에 일찍 나가서 저녁이 되어서야 돌아오곤 했습니다. 그래서 어떻게 하면 좋을지 함께 이야기해 보았습니다. 엄마는 "엄마도 온종일 우리 딸이랑 같이 있고 싶어. 항상 보고 싶지. 그런데 엄마에게는 엄마의 일도 소중해. 엄마가 일한다고 해서 네가 덜 중요한 건 절대 아니야. 엄마한테는 네가 제일 중요하지"라고 말하자 아이가 엄마의 마음이 자기와 같다는 것을 확인하고는 "그럼 엄마, 나한테 편지를 쓰고 가. 그럼 내가 일어나서 볼게. 매일 편지를 써서 여기에 놓고 가"라며 자기 머리맡을 가리키더랍니다. 그래서 엄마는 약속대로 매일 짧게 편지를 써서 두고 출근했지요. 그리고는 더는 아이는 엄마가 일하는 것이 싫다고 얘기하지 않았습니다. 좀 더 뒤에는 "엄마 직업은 뭐야?"라고 물었다고 합니다.

제한 설정은 아이의 불안을 잠재운다

엄마가 지나치게 허용적이거나 반대로 너무 통제적일 때 아이가 불안을 느끼고 산만해질 수 있습니다. 적당한 제한을 설정하는 것이 아이에게 허용과 통제를 알려주기에 좋습니다. 아이가 해도 되는 것과 안 되는 것을 명확히 알게 되면 더는 불안해하지 않고 자신이 무엇을 해도 되고 하지 말아야 하는지 이해할 수 있기 때문입니다.

아이에게 허용적인 것은 자칫 잘못하면 방임적인 육아가 될 수도 있습니다. 아이에게 선택하게 하는 것은 좋지만, 너무 많은 선택을 주면 아이가 고민에 빠지게 됩니다. 게다가 안 되는 것에 대한 제한을 정확하게 해주지 않으면 아이는 그것을 알지 못합니다. 안 되는 것에 대한 제재는 항상 일관성 있고 단호하게 해야 합니다. 아이가 컨디션이 좋지 않다고, 또는 기분이 좋지 않다고 해서 다른 사람에게 피해가 가는 행동을 제지하지 않는다면, 아이는 기분이 좋지 않을 때는 다른 사람을 고려하지 않아도 된다고 생각할 수 있습니다.

또한, 산만한 아이들에게는 정확한 행동지침을 주어야 합니다. 아이가 이해하기 쉽고 그대로 했을 때, 관심을 두고 칭찬해 주고 가능하다면 토큰이나 스티커를 주면 더 좋습니다. 그러면 그다음에 그렇게 하게 될 확률이 높아지니까요. 그리고 엄마도 일관되게 반응을 해주기가 훨씬 좋습니다.

토큰을 사용하려면 아이가 해야 할 행동목록을 적어두는 것이 좋습니다. 그래야 토큰을 제공해야 할 상황인지 아닌지 판단할 수 있습니다. 따라서 토큰을 사용하려면 목표 행동목록과 토큰으로 사용할 스티커, 그리고 스티커를 다 모으면 무엇으로 교환할지에 대한 결과물도 상의해서 결정하는 것이 필요합니다.

예를 들어 아이가 옷을 벗어 아무 데나 놓는 것을 바꾸려고 한다면, 아이와 먼저 약속을 정합니다(종이에 적어두는 것이 더 좋습니다. 토큰 판과 함께 붙여두면 좋겠죠). “옷은 옷걸이에 걸어 두는 거야. 만약 집에 돌아와 옷을 걸어 둔다면 엄마가 스티커를 한 개 줄게. 이건 모아서 컴퓨터 게임을 하거나 네가 사고 싶은 것이 생기면 살 수도 있어”라고 해 봅시다. 그리고 토큰시스템을 시작하기 전에 10개, 20개, 30개를 모았을 때 어떤 것과 교환할지 상의하여 그것도 옆에 같이 적어둡니다. 그렇게 하면 아이가 목표를 갖고 더 열심히 할 수 있는 동기를 유발할 수 있습니다.

만약 아이가 목표 행동을 하면 즉시 토큰을 붙여줍니다. 칭찬도 함께 해주어야 합니다. 아이가 옷을 걸었는데 그때 깜빡하고 토큰을 주지 않다가 나중에 아이가 주스를 마실 때 토큰을 주면 아이는 주스를 마시는 행동이 칭찬받는다고 느낄 수 있습니다. 그리고 처음에 시작할 때는 성공하기 쉬운 행동을 정하는 것이 좋습니다. 아이가 뭔가 성취감을 느끼고 더 잘하고자 하는 원동력을 얻을 수 있을 것입니다.

만약 아이가 책을 많이 읽게 하고 싶다면, 처음에는 책을 들고 펴기만 해도 칭찬해 주셔야 합니다. 그러면 아이는 으쓱해지면서 책을 읽겠지요. 그러다가 조금 읽으면 칭찬해 주고, 얇은 책을 한 권 읽으면 칭찬과 함께 선물을 줄 수도 있습니다. 책을 읽을 때는 내용에 대해 이야기를 많이 나누는 것이 좋습니다. 그런 과정에서 아이는 책을 읽는 것이 재미있다는 것을 알게 되고 나중에는 책 읽기 자체가 보상되어 엄마가 따로 선물을 챙겨줄 필요가 없게 되는 것입니다.

프로그램 05

새로운 흥미를 알기

엄마와 함께하는 아이 활동

"내가 좋아하는 것 찾기"

저는 '불안'이라는 감정에 관심이 많았습니다. 그래서 불안에 관한 연구를 해왔습니다. 그 이유는 '제가 불안한 사람'이기 때문이지요. 인간은 모두 불안한 존재입니다. 인간의 본질 그대로가 그렇지만 우리가 살아가는 삶의 구조는 불안할 수밖에 없으니까요. 그렇다면 불안이라는 감정 속에서 살아갈 수밖에 없는 우리는 불안에서 벗어나려고 애쓰기보다는 내가 느끼는 불안을 좀 더 관대하게 대해주면 어떨까요? 많은 사람이 다른 사람들에게 배려하며 살아갑니다. 당연히 필요한 것이지요. 그렇지만 막상 나 자신에게는 어떤가요? 자신에게는 더 잘하라고, 더 힘내라고 말하며 늘 엄격하게 채찍질을 하는 경우가 많습니다. 자신의 여린 감정에 대한 배려는 없고 대부분 냉정하고 차가운 태도를 보이지요. 남들에게 쏟는 감정의 소비를 조금 줄이고 그 에너지를 나 자신에게 주면 어떨까요? 우리가 느끼는 많은 감정을 억누르지만 말고 관대한 시선으로 바라봐 주고 힘든 마음을 배려해주는 것입니다.

불안은 인간이 느끼는 감정 중에서도 큰 부분을 차지하는 강렬한 감정입니다. 그리고 어떠한 특정한 생각, 특히 부정적인 생각들이 만드는 감정입니다. 즉 우리는 많은 것들을 잃을까 봐, 잘못될까 봐 걱정하고 사는 것을 의미합니다. 미래를 생각하지 않고 살 수는 없으니 우리는 걱정을 전혀 안 할 수는 없는 존재이지요. 그러나 그 걱정하는 시간을 좀 줄이고 더 따뜻하고 좋은 감정을 느끼도록 노력하는 것은 반드시 필요합니다. 특히 엄마가 불안한 정서를 가지고 있으면 아이들은 귀신같이 알아차리고 온 감각으로 그 불안한 공기를 느끼기 때문이지요.

아이가 창의적인 사람으로 자라나기를 바란다면 엄마부터 먼저 창의적인 사람이 되어보세요. 내가 재미있는 것들을 하고, 좋아하는 것들을 하면서 아이들에게 엄마가 행복해하는 모습을 보여주세요. 재미있는 놀이가 대단한 것이라고는 생각하지는 않았으면 좋겠습니다. 놀이는 내가 즐겁고 재미있다고 느끼는 것인데 내가 좋아하는 놀이가 무엇인지 잘 모를 수도 있지요. 아이와 함께하는 시간은 아이가 무엇을 좋아하는지 알게 되는 시간이 되고, 내가 좋아하는 것들도 발견하게 되는 시간이 될 수 있어요. 아이와 함께 진심을 담아 예술 활동을 하는 과정에서 '내가 정말 뭘 하고 싶어 하고 뭘 하는 걸 좋아할까?'의 답을 찾을 수 있을 거예요.

자신이 즐거운 놀이를 할 수 있는 엄마의 아이는 재미있게 노는 법을 알게 되고, 상상력을 통해 아이의 두뇌 발달도 훨씬 빠르게 이루어집니다. 아이와 함께 식탁에 마주 앉아 자신이 좋아하는 것을 찾아보고, 서로 좋아하는 것을 인정해주고 지지해주는 놀이는 아이와 엄마, 모두에게 특별한 경험이 될 것입니다.

준비물

잡지 여러 권(패션잡지, 여성잡지- 구하기 어렵지 않아요. 자주 가는 미용실이 있다면 지난 잡지들 챙겨달라고 해보세요. 그들에겐 치워야 할 물건이지만 우리에겐 새롭게 창조되는 놀이를 위한 소중한 자료가 됩니다). / 풀 / 검은색 켄트지 2절지 두 장 / 가위 2개 / 채색 도구 / 솜 / 다양한 색 테이프 / 스티커 / 리본 / 털실 등 오브제 재료(없어도 되고 있으면 더 좋아요).

추천음악

1. wish to fly-양방언
2. 희망-물고기 꿈
3. All Of Me-The Piano Guys

프로그램 실행방법

❶ 식탁 위에 여러 권의 잡지와 재료들을 올려놓고 아이와 마주 앉는다.

❷ 음악을 틀고 각자 잡지를 넘겨보며 내 마음에 드는 것, 시선이 멈추는 것, 내가 좋아하는 것, 갖고 싶은 것, 가고 싶은 곳, 마음이 끌리는 색깔, 텍스트, 기호 등이 보이면 그 페이지를 찢어 놓는다(찢은 종이들을 한쪽에 각자 모아 놓는다).

❸ 찢어 놓은 잡지가 수북하게 쌓이고 이제 더는 이미지가 보이지 않는다면 잡지들을 치우고 넓은 공간을 확보한다.

❹ 검은색 켄트지 위에 찢어 놓은 잡지들을 오려서 풀을 사용해 자유롭게 붙여 콜라주를 해본다(이때 가위가 아니라 손으로 찢는 것을 엄마와 아이 모두에게 추천하고 싶다. 가위가 어린아이들에게는 위험하기도 하지만 손으로 찢는 활동이 감각을 예민하게 활용하기 때문에 집중력에도 도움이 되고, 작품의 미학적 관점에서도 더욱 아름다운 느낌을 줄 수 있다).

❺ 거꾸로도 붙여보고 중간중간 오려 낸 텍스트들도 붙여보고 재미있는 구조로 콜라주를 해본다.

❻ 이미지 가장자리를 색 테이프로 둘러서 강조하고 싶은 것을 더 아름답게 꾸며주기도 하고 솜을 뜯어내 구름을 만들기도 하고 다양한 오브제 재료를 활용하여 엄마도 아이도 창의력을 발휘해 본다.

❼ 작품이 완성되면 집안의 잘 보이는 벽에 두 작품을 붙인다. 거리를 두고 아이와 함께 바라보면서 자신의 콜라주에 관하여 서로 이야기 나누고 작품의 제목을 스스로 붙여본다.

Key Point

음악을 들으면서 잡지를 훑어보며 내가 좋아하는 것을 찾다 보면 어느새 시간이 훌쩍 지나가 있을 것이다. 사람은 내가 좋아하는 것, 내가 즐거운 것을 만날 때는 어느 때보다 높은 집중력을 발휘하기 때문이다. 평소에 산만했던 아이, 집중력이 약했던 아이도 좋아하는 것을 찾아 떠나는 탐색의 여행에서는 기대 이상의 긴 시간 동안 앉아서 집중하게 될 것이다. 놀이를 마친 후에는 그러한 아이의 행동을 칭찬해주고 "엄마도 너와 같이 놀아서 너무 재미있었다"라고 꼭 말해주면 좋다. 또한, 엄마가 좋아하는 것들도 아이에게 잘 설명해주면 어린아이들이어도 엄마의 마음에 공감해줄 수 있다. 아이들은 놀이를 통해 타인을 이해하는 방법을 배우고 관계 속에서 올바른 행동 양식을 경험하게 된다.

육아칼럼

놀이의 중요성

학원 뺑뺑이 괜찮은가요?

Q. 저희 아이는 올해 초등학교 1학년 남자아이입니다. 유치원보다 일찍 끝나는 초등학교 탓에 본의 아니게 학원 뺑뺑이를 돌고 집에 옵니다. 제가 일을 하니 학원을 안 다니고 집에 일찍 와도 할머니랑 놀아야 하고, 친구들은 모두 학원에 다니니 결국 그렇게 할 수밖에 없는 게 현실입니다. 그런데 아이는 "놀고 싶어"라는 말을 입에 달고 삽니다. 잠자리에 누우면서도 더 놀고 싶어서 아쉬워하는 아이의 모습이 너무도 짠합니다. 아이가 자라는데 공부와 놀이가 밸런스를 맞춰야 잘 자라줄 것 같은데, 지금은 너무 놀 시간이 없네요. 이렇게 키워도 괜찮을까요?

A. 왜 우리나라 아이들은 놀 시간도 없이 공부하러 학원에 가게 되었을까요? 공부를 잘하기 위해서 학원에 보내시는 건가요? 아이를 혼자 놀도록 내버려 두지 못하는 엄마의 불안 때문에 이런저런 학원에 다니는 것은 아니지 한번 잘 생각해보시기 바랍니다. 아이가 원해서 다니는 것이 아니라면 돈 낭비가 될 확률이 높습니다.

놀이는 아이들에게 정말 중요합니다.

아이들은 놀이를 통해 자기표현을 하게 됩니다. 아이들은 어른처럼 자기 생각이나 감정을 정확하게 인식하고 말로 표현하지 못하기도 합니다(때에 따라 할 수도 있지요. 요즘 아이들은 말을 참 잘해서요). 아직 인지가 성장하고 있는 단계이기 때문입니다. 이런 아이들이 자신의 무의식이나 전의식 단계의 감정을 의식적인 수준으로 표현할 수 있도록 해주는 것이 '놀이'입니다. 또한, 아이들은 자기 마음속의 여러 가지 갈등을 놀이상황에서 구체적인 인물이나 사건으로 표현하곤 합니다. 아이들의 놀이에서 전투장면이 자주 등장하는 이유이지요. 자기 마음속의 공격성이나 충동성, 불안을 놀이에서는 마음대로 표현할 수 있습니다. 하지만 놀이로 표현하지 못하면 마음속의 갈등이 쌓여 일상에서 부적응 행동으로 나타날 수 있습니다. 놀이는 자기에게 위협을 가해 온 장면을 아동이 극복할 수 있도록 학습시키는 기능이 있습니다. 예를 들어 차 사고를 보고 놀란 아동이 이후 놀이상황에서 자동차를 충돌시켜보는 놀이를 반복하는 것을 통해 안전한 장면에서 사고를 재현함으로써 이전의 외상 경험을 새로운 안정된 정서로 바꾸어 놓을 수 있습니다.

선택은 아이가 하도록 합시다.

아이가 학원에 다니는 것을 좋아하는 예도 있습니다. 자신이 원하는 것을 선택하였거나, 학원의 분위기나 선생님이 좋으면 그럴 수 있습니다.

하지만 원하지 않는 학원을 억지로 다니도록 하는 것은 돈도 아깝지만, 아이와의 관계도 나빠지는 지름길입니다. 아이와 충분한 대화를 통해 원하는 것을 배울 수 있도록 해주고, 원하지 않는 것에 관해서는 대화를 통해 절충하도록 해야 합니다.

바쁘더라도 하루에 한 시간은 아이와 놀아주세요.

온종일 학원 뺑뺑이를 돌고 저녁에 집에 와서 밥 먹고 씻고 잠이 들어야 한다면, 아이는 엄마와 얼굴을 마주 보고 이야기할 시간이 없겠지요. 그래서 유치원 선생님께 피아노를 배우고 싶다고 이야기한 지인의 아이도 있었습니다. 그렇게 되면 아이는 어렵고 힘들었던 감정을 털어놓을 대상이 없게 됩니다. 그것이 마음속에 남아 문제행동으로 표현될 수도 있습니다. 그러므로 반드시 하루에 한 시간은 얼굴을 보고 놀아주는 시간을 갖도록 권합니다. 놀이는 엄마와 아동 사이에 좋은 관계를 맺어주는 것을 도와줄 수 있습니다. 그냥 이야기하셔도 좋습니다. 처음에는 머뭇거리고 솔직히 털어놓지 못할 수도 있지만, 함께 얼굴을 마주 보고 있는 시간이 꼭 필요하다는 것을 잊지 마세요.

chapter

06

얌전하고 조용한 아이 키우기

나와는 너무 다른 내 아이

우리 아이가 내성적이라고 해서
속상해하거나 아이를 바꾸려고 해서는
안 됩니다. 아이가 어떤 모습이든 있는
그대로 받아들이는 수용적인 태도를
보여야 합니다.

조용하고 순한 우리 아이

"조용하고 순해서 참 편하겠어요"라는 말을 듣는 아이들이 있습니다. 내성적인 성격의 차분한 아이들입니다. 하지만 아이 키우는 것에 쉬운 일은 없는 것 같습니다. 누구나 육아의 고충은 있기 마련입니다.

낯가림이 심했던 첫째는 아직도 동네 어른들에게 인사하는 것을 어려워합니다. 처음엔 인사하는 것을 가르치려고 인사를 하도록 종용하고 머리를 손으로 눌러보기도 했었지만, 그런 방법으로는 잘 안 되어서 이제는 그냥 인사 잘하는 모습만 보여주고 있습니다. '언젠가 마음이 허락하면 잘하겠지'라고 생각합니다. 그래도 유치원 선생님과 경비 아저씨께는 인사를 하고 있으니 많이 발전한 모습입니다. 남들이 보면 인사성이 없다고 얘기할지는 몰라도 말입니다.

그렇지만 조용하다고 해서 다른 사람에게 관심이 없는 것은 전혀 아닙니다. 오히려 관찰력은 뛰어날 때가 많습니다. 아이의 꼼꼼한 성격 덕분에 제가 깜빡하고 놓치는 부분을 보고 이야기해주기도 합니다. 다만 다른 사람들에게 자기의 감정을 표현하는 것이 친밀한 사람 외에는 어렵기도 합니다. 그런 부분은 도움이 필요하기도 합니다.

아이가 편안하고 익숙한 것을 좋아하는 것도 아이의 모습 중의 하나이므로 인정해주어야 합니다. 이런 아이를 데리고 주말마다 여행을 간다거나 사람이 많은 시내를 돌아다니는 것은 아이에게 스트레스가 될 수 있습니다. 그렇다고 "편하고 익숙한 환경이 좋다면 이렇게 지내자"라고 하면서 집에만 있는 것도 능사는 아닙니다. 뭐든 적당해야 합니다. 아이가 감당할 수 있는 선에서 새로운 곳, 새로운 사람들과 어울릴 기회를 제공해 주어야 합니다. 천천히, 충분히 관찰할 시간을 주고 기다려 주어야 합니다. 그것이 아이는 불안하고 무서울 수 있지만, 조금씩 경험을 통해 더 넓은 세상이 있다는 것을 알려주고 아이의 적응력을 높여주는 것도 부모가 해야 할 많은 것들 중의 하나입니다.

새로운 곳에 가거나 활동에 참여할 때는 사전에 충분히 이야기하고 아이의 생각이 어떤지 들어주면 좋습니다. 미리 이야기하고 그곳이 어떤 곳인지, 가서 어떤 활동을 하게 되는지 미리 알고 있다면 아이가 새로운 상황이더라도 좀 더 편안한 마음으로 다가갈 수 있을 것입니다.

아이가 너무 조용한 것이 타고난 성격일 수도 있지만, 정서적인 어려움이나 우울한 모습을 보이는 것일 수도 있습니다. 엄마가 우울하다면 이것은 아이에게 전이될 수 있는 문제입니다. 엄마가 우울하면 아이는 방임되기 쉽고, 스트레스에 대한 취약성이 높아지기 때문에 엄마는 자기를 잘 챙기고 보살펴야 합니다. 엄마의 우울증은 치료하면 되지만 아이는 발달의 결정적 시기에 악영향을 미칠 수 있으니 더 유념해야 합니다.

타고난 성격은 좋고 나쁜 것이 없다

사람은 모두 생김새가 다르듯 성격도 다릅니다. 성격은 살아가면서 환경적인 영향으로 형성되는 것도 있겠지만 기본적으로 타고난 성격을 무시할 수 없습니다. 아이들을 보면 얼굴 생김새부터 표정, 몸동작 하나하나까지 모두 부모를 닮습니다. 결국, 유전인가 싶다가도 '내 자식인데 왜 저러나?' 싶을 때는 유전이 전부는 아닌 것도 같습니다.

MBTI 성격유형 테스트에서는 성격을 크게 외향/내향형, 감각/직관형, 사고/감정형, 판단/인식형으로 구분하고 있습니다. 가장 첫 번째 항목이 외향형인지 내향형인지 살펴보는 겁니다. 우리가 사람에 대해 말할 때도 흔히 "저 사람은 외향적이야" 또는 "재는 좀 내성적이야"라고 말하기도 합니다. 그런데 사람들의 관계 속에서는 외향적인 사람이 좀 긍정적인 것처럼 이야기되기도 합니다. 내성적인 것도 그 사람의 성격인데 말이지요. 아마 사람들은 내성적인 사람의 속마음을 잘 알지 못하니 궁금해서 그럴 수도 있습니다.

하지만 성격이라는 것은 "외향적인 성격이 좋고 내향적인 성격은 나쁘다"라고 말할 수 있는 것이 아닙니다. 이것은 '개인이 가지고 있는 고유한 품성'입니다. 외향형이든 내향형이든 자신의 신념에 따라 행동하고 살아가게 되는 것입니다.

그런데 많은 엄마는 자기 아이가 아이들과 잘 어울리길 바랍니다. 또 리더십을 발휘하는 모습을 기대하기도 합니다. 사실 학교나 집단에서 외향적인 사람들이 더 눈에 띄거나 적극적으로 자기를 어필하는 것으로 보일 수 있습니다.

또는 '우리 아이가 조용히 있다가 손해 보지는 않을까, 다른 아이들에게 따돌림이나 괴롭힘을 당하지 않을까'라고 걱정하기도 합니다. 친구가 장난감을 빼앗을 때도 "내 거야"라고 소리치지 못하고 그냥 뒤로 물러나는 모습을 보면 엄마는 속이 상합니다.

옆집 엄마가 아이와 새로 생긴 키즈 카페에 다녀와서 아이가 정말 좋아했다고 해서 기대감에 부풀어 아이와 함께 가보았는데, 우리 아이는 신나기는커녕 쭈뼛거리고 잘 놀지 못하면 엄마는 실망스럽기도 하고 화가 나기도 합니다. 즐겁게 노는 곳인데 사소한 걱정을 늘어놓으며 가만히 서서 아이들이 노는 것을 지켜보기만 하는 아이를 어떻게 해야 하나 싶고 아이의 사회성을 키워줘야 할 것만 같은 마음이 들 수도 있습니다. 하지만 내성적인 아이는 낯선 곳에 가면 바로 놀이를 시작하기보다는 탐색하는 시간이 필요합니다. 이곳에 대한 정보가 없고, 따라서 어떤 놀이를 해야 할지 알지 못합니다. 조용한 아이들은 보통 조심성이 많으므로 공간이나 사물도 충분히 탐색한 후 다가갑니다. 기대감에 부푼 엄마가 조금 기다려 준다면 아이도 탐색을 마치고 하고 싶은 활동을 선택할 수 있을 것입니다.

아이가 내성적인 성격이라고 해서 꼭 친구들과 잘 어울리지 못하고 적응력이 떨어지는 것을 의미하지는 않습니다. 만약 아이가 소심해서 잘 어울리지 못하거나 학급에 잘 적응하지 못한다면 이것은 도움이 필요한 상태입니다.

외향적인 성격도 좋은 점이 있습니다. 친구도 많이 사귈 수 있고 다양한 경험에 대한 개방성이 높아 새로운 것도 다양하게 체험해 볼 수도 있을 것입니다. 또 에너지 수준이 높고 목소리가 커서 다른 사람들의 시선을 끌고 관심을 많이 받을 수도 있습니다. 하지만 내향적인 아이는 더 적은 수의 친구와 더 깊은 관계를 맺기도 하고 자신의 관심사에 대해서는 열정을 가지고 파고들며, 신중하게 생각하고 행동합니다.

결국, 둘 다 좋은 점을 가지고 있는데 우리 아이가 내성적이라고 해서 속상해하거나 아이를 바꾸려고 해서는 안 됩니다. 아이가 어떤 모습이든 있는 그대로 받아들이는 수용적인 태도를 보여야 합니다. 아이를 내 마음대로 바꾸어보려는 것은 아이를 자기의 소유물로 여기는 미성숙한 부모의 모습입니다. 그것은 매우 통제적인 양육방식으로 그런 양육은 아이가 부모에 대해 적대적으로 느끼거나 자존감이 낮아지게 되는 결과를 초래하게 됩니다.

양육 태도 유형	부모의 양육 태도	자녀의 태도
애정적-자율적	애정적 자율성 허용 긍정적 협동적 태도	능동적, 독립적, 사교적, 타인에게 적대감 없음
적대적-자율적	자녀와 거리감, 무관심, 냉담 자녀와의 시간이 없고 방임, 무시	불안정, 위축 부정적인 주의 끌기 행동
애정적-통제적	애정을 주지만 자녀를 통해 과보호, 소유적 태도	의존적, 사교성이 낮음 적대감을 가짐
적대적-통제적	애정이 없는 심리, 신체적 처벌, 권위, 독재, 비일관적 훈육, 정서적 미성숙	사회부적응 자존감 낮아짐 내적 갈등과 고통이 많아짐

한국 부모 양육 태도 유형(KPAS-Korean Parenting Attitude Scale)

아이를 있는 그대로 받아들이기 위해서는 자기성찰이 필요합니다. 부모가 자기에 대한 이해를 바탕으로, 자기감정을 인식하고 조절하는 것이 가능해야 하는데, 보통 부모 역할을 위해 그런 준비를 하지 않고 살아가기 때문에 자신의 미숙한 부분이 튀어나오게 되는 것입니다. 사실 부모들이 자식에게 바라는 것은 자신이 이루지 못한, 내가 어렸을 때 부족했던 것에 대한 보상심리에서 욕심을 부리는 경우가 많습니다. 자신에 대한 이해는 부족하면서 아이에게 내가 해내지 못한 것을 강요하는 부모는 아이를 망치고 아이와의 관계도 좋을 수 없습니다. 아이는 부모와 분리된 하나의 인격체입니다. 부모는 아이가 혼자서 설 수 있을 때까지 도와주는 조력자입니다.

답답해도 아이의 속도에 맞춰보자

문제는 엄마가 아이와 성격이 다를 수 있다는 것입니다. 아이의 성격은 많은 부분 엄마와 아빠를 닮지만 그렇지 않기도 합니다. 엄마가 성격이 급하거나 아주 외향적일 경우에는 내성적인 아이를 잘 이해할 수 없고, 자기의 속도에 아이를 맞추려고 하는 실수를 하게 될 수도 있습니다.

아이와 같은 성격의 엄마는 아이에게서 자신의 모습을 보기 때문에 아이를 이해할 수 있습니다. 하지만 이런 엄마들도 자신의 이런 성격을 아이가 닮는 것을 원하지 않는 경우도 많습니다. 자기가 좋아하지 않는 자신의 모습을 아이에게서 보게 되는 것입니다. 이것은 꼭 조용하고 내성적인 성격에 국한된 문제는 아닙니다. 내 아이이긴 하지만 나의 아바타가 아니라 아이 그 자체로 다른 인격체입니다. 그 말은 아이가 나랑 닮았다고 나와 같은 삶을 살아가지는 않는다는 이야기입니다.

아이의 그런 성격을 잘 이해하고 있는 것은 어쩌면 좋은 조력자가 되어줄 수 있는 조건을 갖춘 것입니다. 나의 그런 성격 때문에 예전에 실수했던 일이라든지 불편했던 부분을 아이가 겪지 않도록 옆에서 조언해 주면 됩니다. 그런 성격이 아빠에게 물려받은 것이라면 아빠와 많은 대화를 해보는 것을 추천합니다.

반대로 아이와 성격이 다르면 아이를 이해하는 것부터 시작해야 합니다. "쟤는 누굴 닮아서 저래?"라고 비난하는 것은 절대 금물입니다. 부모는 자신의 성격과 반대인 아이가 답답하고 아이의 사회생활을 걱정할 수도 있습니다. 그래서 자기처럼 적극적으로 앞에 나서도록 압력을 넣으면 아이는 감당하지 못하고 좌절하게 됩니다. 따라서 아이의 내성적인 성격을 이해해하려는 노력을 해야 합니다. 그것은 아이와 충분히 대화를 나누고 아이를 유심히 관찰하는 것을 통해 이루어질 수 있습니다. 아이가 앞에 나가서 발표하는 것이 어렵다고 한다면 그때 기분이 어떤지, 어떤 부분이 가장 힘든지 물어보고 들어주어야 합니다.

아이가 엄마가 자신의 그런 모습을 마뜩잖아한다는 것을 느끼고 위축되어 있다면, 엄마의 마음을 솔직하게 얘기하고 미안하다고 사과해야 합니다. "너의 모습 그대로를 받아주지 못한 못난 엄마라서 미안해"라고 말이죠. 아이가 자신이 소심하고 조용한 성격이 잘못된 것이 아니라는 것을 알고 엄마가 자신을 걱정하는 것이라는 것을 아는 것은 중요합니다.

결국, 아이를 자신의 틀에 맞춰 바꾸려고 하면 아이는 자기만의 성안으로 들어가 버리고 맙니다. 엄마와 소통하려 하지 않을 것이고 아무것도 하지 않으려고 할 수도 있습니다. 아이를 더 잘하게(엄마 기준으로) 하려고 하다가 아이를 무기력하게 만들어버리는 실수는 하지 않도록 해야 합니다.

내성적인 성격의 강점

내성적인 아이는 자기 안으로 에너지가 향하기 때문에 독립적입니다. 그러한 특성으로 자기가 할 수 있는 것은 스스로 하려고 하는 경향이 강하지만, 실패가 두려워 잘하지 못하고 아예 시도조차 하지 않으려고 하기도 합니다. 이런 아이들은 자기 기준이 엄격하고 성실하고 책임감이 있습니다. 간혹 뭔가 잘 안 될 때는 잘 될 때까지 반복해서 연습하는 모습을 보이기도 합니다. 이런 모습은 충분히 칭찬해주어 마땅합니다. 아이가 잘하는 모습을 칭찬하기보다는 노력하는 모습을 칭찬해야 한다는 것을 알면서도 부모로서 아이가 잘하는 모습을 보면 저절로 칭찬이 나오게 됩니다. 그래도 노력하는 모습을 보일 때 훨씬 더 크게 칭찬해주도록 해야 합니다. 내성적인 성격의 아이들도 엄마나 다른 편한 사람에게는 자기의 속마음을 잘 털어놓고 자기 얘기도 수다쟁이처럼 잘 말하기도 합니다.

저의 첫째는 고맙게도 엄마한테만 말을 잘합니다. 저한테 말하는 것을 들어보면 너무 재미있기도 하고, 참 속도 깊고 배려심도 많은데 다른 사람들 앞에선 그런 모습을 절대 보여주지 않아 제가 자식 자랑하는 팔불출이 되는 것 같은 기분이 들 때도 있습니다.

내성적인 아이들은 적은 수의 친구를 더 깊게 사귀는 경향이 있고 그런 면에서 더 정서적이고 공감 능력이 뛰어난 경우가 많습니다. 자기가 친구라고 생각하는 아이에 대해서는 무엇을 좋아하는지, 어떤 것을 잘하는지, 어떤 부분이 도움이 필요한지 세세하게 알고 있습니다. 그런 부분은 사람과의 관계에서 아주 긍정적으로 작용할 수 있습니다. 자기가 좋아하는 사람이 무엇을 좋아하는지 아는 것은 그 사람이 나를 좋아하게 하는 방법이 될 수도 있기 때문입니다.

내성적인 아이들은 혼자 생각하는 시간이 많으므로 생각하는 힘이 강합니다. 반면 자기 목소리를 내는 것은 주저하기도 합니다. 하지만 자기 생각을 전달하는 것을 연습하면 머릿속으로 생각한 다양한 방안이나 신중한 생각을 조리 있게 말할 수 있습니다.

감정 표현도 연습이 필요해

조용하고 내성적인 아이는 마음을 잘 표현하지 않습니다. 그러므로 아이의 표정이나 행동을 보고 알아차릴 수 있는 민감성이 필요합니다. 일단 아이가 마음을 적절하게 표현하는 것을 가르치려면 아이의 마음을 알아야 하지 않겠습니까? 그런데 아이가 어리거나, 어리지 않더라도 감정적인 표현을 하는 경험이 별로 없으면 자신의 감정을 인식하는 것 자체가 어렵기도 합니다. 부모가 충분히 감정표현을 하는 모습을 자주 보여주는 환경에서 자란 아이는 그것을 보고 모델링을 하겠지만, 그렇지 못한 경우도 많이 있습니다.

아이들의 감정표현을 연습하기 위해선 감정을 인식하는 것이 첫 번째입니다. 그것을 연습하기 위해서는 다양한 표정 그림이나 사진을 보면서 "이 사람 기분이 어때? 이 사람은 왜 울고 있을까?"라고 질문을 하면서 어떤 상황인지 추측해 보는 놀이를 하는 것도 좋습니다. 그리고 시간이 날 때, "오늘 기분이 어때?"라고 묻고 아이가 대답하기 어려워할 때는 표정 카드를 사용해 오늘 기분을 대답해보도록 합니다. 아이의 대답을 듣고 난 뒤에는 오늘의 엄마 기분이 어떤지, 왜 그런지도 함께 나누어 봅니다.

다양한 감정 인식을 위해서는 감정에 대한 다양한 단어를 포스트잇에 적어 붙여두고 활용할 수 있습니다. 또 다양한 형용사를 붙여두고 그게 어떤 느낌인지 서로 이야기해 보는 것도 감정을 표현하는 연습을 하는 것을 도울 수 있습니다.

아이가 적절하게 감정을 표현하는 것을 어려워할 때 느끼는 감정은 주로 부정적인 감정인 경우가 많습니다. 우리는 어릴 때부터 화가 나는 것은 참아야 하는 것으로 알고, 울면 그치라고 배워왔습니다. 하지만 화가 나고 슬픈 감정을 적절하게 표현하는 것이 더 건강한 것이지, 화를 참고 울음을 참으며 억압하면 나중에 더 큰 폭발을 불러오게 됩니다.

만약 아이가 화가 났다고 해 봅시다. 평소에는 화가 날 때, 씩씩거리며 입술을 깨문다면 그건 화를 억누르고 있는 것입니다. 그 순간은 참고 넘어가더라도 그냥 넘어가면 그 감정은 해소되지 않고 마음속에 억눌려있게 됩니다. 그러므로 아이와 그 감정을 다루고 넘어가도

록 해야 합니다.

아이에게 "화가 많이 났구나. 무슨 일 있었니?"라고 묻고 기다려 줍니다. 울거나 씩씩댈 때는 조금 기다리는 시간이 필요할 수 있습니다. 그리고 무엇 때문이라고 말하면 그래서 어떻게 된 것인지 자초지종을 들어줍니다. 그리고 그런 일이 얼마나 자주 일어나는지, 그럴 때 아이는 어떻게 하는지 찬찬히 들어봅니다. 그렇게 이야기를 하면서 아이가 어떤 것에 마음이 상한 것인지, 그럴 때는 어떻게 이야기해야

하는지 구체적으로 알려줍니다. 만약 동생이 열심히 만들어놓은 블록집을 부서뜨려서 화가 났다면, 울고 씩씩거리는 것보다는 "내 거 만지지 마"라고 말하고 블록집을 다시 만들어 높은 곳에 올려두도록 해 보는 것입니다.

아이의 마음이 무엇이든 공감해주려고 노력해야 합니다. 아이가 부정적인 감정을 가졌다고 해도 "친구가 정말 밉구나"라고 받아줍니다. 부정적인 감정을 가지는 것은 상황에 따라 자연스러운 반응입니다. 친구가 밉다고 하는 아이에게 "친구를 미워하면 안 돼"라고 하는 것은 소통을 거부하는 것입니다. 아이의 감정을 자연스럽게 받아들이고 공감해주며 아이가 감정을 언어로 표현하는 것을 자연스럽게 체득할 수 있도록 도와주어야 합니다. 물론 친구가 밉다고 때리는 것은 잘못된 행동입니다. 하지만 아이가 친구를 미워하는 마음에 공감해주지 않으면 친구를 때리는 것이 옳은 것인지 그른 것인지 가르쳐줄 수 없습니다.

부모들은 아이의 부정적인 감정을 빨리 해소하려고 노력합니다. 하지만 내성적인 아이들은 그런 기분을 빨리 떨쳐내지 못합니다. 아이의 부정적인 감정을 해소하려고 노력하는 것은 부모가 그것을 견뎌주기 어렵기 때문입니다. 사실 아이의 눈물을 그치도록 하는 것도 엄마가 아이가 우는 것을 못 견디기 때문입니다. 그것은 아이의 감정을 억압하는 것이고 감정을 억압하면 제대로 감정을 표현하는 것을 알려줄 수 없습니다. 부정적인 감정도 충분히 느끼고 공감해주어야 아이가 자기의 마음이 어떤지, 그럴 때는 어떻게 행동해야 하는지 경험하고 배울 수 있습니다.

가장 좋은 방법은 엄마와 아빠가 다양한 감정을 자연스럽고 적절하게 표현하는 것을 보여주는 것입니다. 꼭 아이를 위해서가 아니라 본인의 인생을 위해 우리도 연습해야 합니다. 화가 난다고 아이에게 욱하는 모습을 자꾸 보여주면 아이도 화가 날 때 엄마가 한 그대로 욱할 수밖에 없습니다. 엄마가 화가 난다고 아이와 대화를 단절하고 혼자 있으려고 한다면 아이도 화가 나는 것에 대해 나누는 것을 거부할 것입니다. 아이를 위하기 이전에 나를 위해 우리도 연습해야 합니다. 그래야 아이도 그 모습을 보고 화를 다스리는 것을 배우게 됩니다.

너무 화가 날 때는 방이나 화장실로 들어가 잠깐 상황에서 벗어나는 것도 방법이 되기도 합니다. 물론 무엇 때문에 화가 났는지 생각해보는 것도 좋습니다. 또 속으로 숫자를 세거나 심호흡을 하면서 어떻게 얘기할지 생각하는 것도 좋습니다. 화가 난 것을 감정적으로 폭발시키지 말고 아이에게 "네가 그렇게 해서 엄마가 지금 화났어"라고 말해봅니다. 그러면 아이도 자기가 어떻게 해야 할지 스스로 생각해 볼 수 있을 것입니다.

시간이 지나고 상황이 정리되면 다시 객관적으로 상황을 돌이켜보며 아이에게 적당한 기준을 생각해 봅니다. 나의 기준과 아이의 생각이 맞지 않으면 '엄마가 조금 내려놓아야 하지 않나'하는 생각이 들 수도 있습니다. 아이는 아직 어리고 자라는 과정에 있으니 이해해 보려고 생각하고 노력하면 그 노력을 아이가 절대 몰라주지 않습니다.

프로그램 06

인정받으며 자라기

아이 활동

"나의 우주"

조용하고 내성적인 아이를 보면 부모로서는 속상할 때가 있어요. 어린이집이나 유치원에 가서 보면 다른 아이들은 밝게 웃고 떠들며 신나 보이는데 우리 아이만 어른처럼 얌전하고 조용해 보이면 소외된 것은 아닌가 걱정이 되기도 하고 답답해 보이기도 하지요. 아이의 성향과 행동을 보면서 그런 생각이 드는 이유는 내가 가진 '좋다' 또는 '옳다'는 기준이 정해져 있기 때문입니다. 조용하고 내향적인 아이는 사회적이지 못하고, 활달하고 외향적인 아이는 사회성이 좋고... 그런 기준은 누가 만들었나요? 사회성에서 가장 중요한 것은 관계의 능력이며, 관계의 능력은 상대방의 말을 경청하고 마음을 이해해주는 태도입니다. 내향적인 아이가 그런 능력이 없다고 생각하지는 않으시겠지요.

조용한 아이들은 대부분 생각이 많기 마련입니다. 또래 아이들보다 더욱 많은 것들을 상상하고 있고 마음속으로는 호기심도 더 많을 수 있어요. 내성적인 아이들은 자기만의 세상이 있고 그 세상 속에서 더 큰 주제들을 생각하고 있으며, 늘 민감한 눈으로 주변을 관찰하고 느끼고 있답니다. 내향적인 아이들의 강점이 분명히 있는 것이지요. 내향적이든 외향적이든 내 아이의 성격이고, 타고난 성향이 있는 것이니 부모의 틀로 아이들을 판단하지 말아야 합니다.

내향적인 아이들이 가진 많은 생각과 상상의 세계들을 분명히 표현하도록 해주는 것이 중요합니다. 말을 많이 하지 않기 때문에 부모로서는 알 수 없는 아이의 속마음이 답답하겠지만 자기를 표현하는 방법은 아주 다양합니다. 아이가 좋아하는 것, 아이가 관심을 가진 것이 무엇인지 알아내서 표현할 수 있도록 도와주세요.

그림을 그리면서 표현할 수도 있고, 노래나 악기를 통해서도 표현할 수 있으며, 신체적 움직임, 운동이나 춤을 통해 자신의 내면을 표현할 수도 있겠지요. 내향적인 아이들은 책을 좋아하는 아이들이 많아서 책을 통해 부모와 소통을 하는 것도 참 좋은 방법입니다. 아이만의 우주를 함께 공유하고, 그 우주의 이야기들에 공감해주는 태도는 혼자만의 세상에 갇혀있지 않고 다른 사람들과 함께 더불어 살아가는 삶을 배울 수 있도록 이끌어주는 경험이 될 것입니다.

그리고 중요한 사실 한 가지! 내향적인 아이가 성장해서 사회 속으로 들어가면 또 알아서 자기가 환경에 맞게 변하기도 하고 맞추어 살려고 노력하기도 한다는 것입니다. 내향적인 아이들의 마음속에 존재하는 큰 우주와 놀라운 에너지를 꼭 바라봐 주고 지지해주세요. 어떤 성향을 지닌 아이들은 모두 무한한 가능성을 가지고 있으며 어른들이 생각하는 것보다 훨씬 더 많은 것을 느끼면서 자신의 삶에 적응해 나가고 있으니까요.

준비물

동화책 [너는 특별하단다, 맥스 루케이도, 고슴도치] / 전지 사이즈 흰색 켄트지 / 스카치테이프 / 오일파스텔 / 파스텔.

프로그램 실행방법

❶ 엄마와 함께 책을 읽는다.

❷ 책을 다 읽은 후에 책의 내용에 관하여 아이에게 질문하고 대답을 들은 후 엄마의 생각도 말하며 함께 이야기 나눈다.

◆ 질문예시

- 주인공은 어떤 사람이라고 생각해?
- 주인공은 어느 때 기분이 나빴을까?
- 주인공은 어느 때 기분이 좋았을까?
- 책을 쓴 작가는 왜 이 책을 썼을까?
- 네가 만약 주인공이라면 어떻게 했을 것 같아?
- 네가 나중에 어른이 돼서 책을 쓰게 된다면 어떤 이야기를 쓰고 싶어?

❸ 평평한 벽에 아이의 눈높이를 맞추어 켄트지를 붙인다.

❹ 아이가 나중에 어른이 되면 쓰고 싶다고 말한 책의 주제를 더 많이 상상하도록 이야기를 이끌어 준다(조건 없는 경청과 지지를 통해 표현의 용기를 준다).

❺ 오일파스텔과 파스텔을 사용하여 상상한 주제를 벽화로 그려본다.

❻ 아이가 한 가지 형상을 그릴 때마다 "이건 뭘 그린 거야?, 그럼 그 옆에는 또 뭐가 있을 것 같아?" 등의 질문으로 계속해서 그림을 그려나가도록 돕는다.

❼ 큰 종이를 가득 메우지 않아도 좋다. 아이가 그날 하고 싶은 만큼만 표현하면 된다. 여백이 많다면 며칠 벽에 전시해 두고 아이가 다시 그리고 싶을 때 추가하여 그리도록 하면 된다.

❽ 작품이 완성되면 엄마는 흥미로운 태도로 작품에 관한 이야기를 들으며 표현한 아이의 행동을 칭찬해주고 아이의 마음속 이야기들을 재미있게 들어준다.

❾ 작품의 제목을 스스로 붙이게 하고 벽에 붙인 채로 당분간 둔다. 벽에 붙인 전시의 효과는 아이의 세상을 인정해준다는 의미이기 때문에 중요하다.

Key Point 미술도구에 관해서는 충분히 설명해주고 스스로 탐색해 보는 과정이 먼저 이루어지면 좋다. 오일파스텔의 특성과 파스텔의 특성을 비교해보고 색깔과 질감의 차이를 직접 느껴보며 어떻게 다른지, 촉감으로 느껴지는 느낌에 관하여 이야기 나누는 과정이 매우 도움이 된다. 그림을 그리기 전에 다른 종이에 시도해 보고 다양한 표현 방법을 스스로 생각할 수 있도록 시간을 준다. 특히 파스텔은 옆면으로 문지른 후에 손으로 비벼주고 문질러 주면 미적인 효과가 매우 좋은 도구이다. 손에 묻는 걸 싫어하는 아이라면 엄마가 먼저 시범을 보여주고 더욱 멋진 작품이 나올 수 있다는 것을 느끼도록 해준다. 처음에는 손 대신에 티슈로 문질러도 좋으니 절대로 강요는 하지 말아야 한다. 몇 번 그림을 그리다 보면 어느 날 아이 스스로 손으로 문지르고 있는 모습을 발견하게 될 것이다. 그렇게 되기까지 가장 중요한 것은 엄마의 기다림과 인내심, 아이를 무조건 믿어주는 태도이다.

사회 불안증

앞에 나가서 발표하는 것을 너무 힘들어해요

Q. 저희 아이는 올해 초등학교 1학년 남자아이입니다. 아이가 어느 날, 학교에 가지 않겠다고 하는 겁니다. 깜짝 놀라서 왜 그러냐고 물었더니 처음에는 말을 안 하다가 나중에 울면서 하는 말이, 앞에 나가서 발표하는 것이 너무 무섭다고 합니다. 아이가 내성적이고 부끄럼이 많긴 하지만 학교에 가기 싫을 정도로 무섭다고 하니 걱정이 됩니다. 어떻게 하면 좋을까요?

A. 아이가 처음으로 발표를 하게 된 걸까요? 아니면 유치원을 다녔지만, 학교에서 발표하면서 뭔가 창피를 당한 경험을 한 것은 아닌지, 아이에게 좀 더 구체적인 상황설명과 그에 대한 아이의 생각이 궁금합니다. 발표불안은 다른 사람들 앞에서 당황하거나 바보스러워 보일 것 같은 사회불안 중의 하나로 이후에 다양한 사회적 상황을 회피하게 되고 이로 인해 사회적 기능이 저하되는 악영향을 끼칠 수 있습니다. 해당 아동의 경우도 등교 거부로 인해 이미 학교상황을 회피하고 생활에 불편을 미치고 있는 모습을 보입니다. 이런 아이는 다양한 사회적 상황에서 창피를 당하거나 난처해지는 것에 대한 과도한 두려움을 가지게 됩니다.

불안의 원인은 다양합니다.

현재 사회불안은 경험적 요인과 유전적 요인의 복합적인 원인으로 발생하는 것으로 보고되고 있습니다. 현재까지 연구된 원인으로는 유전적인 요인과 뇌의 신경전달물질의 불균형, 또는 편도체의 공포반응 등이 밝혀졌습니다. 유전적인 요인이란 질문자가 말한 아이의 내성적인 성격이 될 수도 있고, 또는 다른 가족 구성원의 불안이 학습된 것일 수도 있다는 의견도 있습니다.
신경전달물질의 불균형이라는 것은 세로토닌과 같이 감정과 기분에 관여하는 신경전달시스템이 지나치게 민감하다는 것을 의미합니다. 또 편도체는 뇌의 공포반응에 관여하는 부분인데 편도체가 과민한 반응을 보이는 사람이 사회적인 불안 상황에서 과민하게 반응하는 모습을 보일 수 있다고 보고되었습니다. 이러한 요인을 가진 사람이 사회적인 상황에서 창피를 당한다면 그것이 일반적인 사람들이 느끼는 것보다 훨씬 부끄럽고 두렵게 느껴진다는 것입니다.

정확한 상황을 파악하는 것이 중요합니다.

먼저 아이가 어떻게 등교 거부를 할 만큼 학교가 가기 싫어진 것인지 아이에게 듣고, 담임 선생님과도 상담하여 실제 상황이 어떠했는지 알아보는 것이 꼭 필요합니다. 가능하다면 같은 반 친구에게도 물어보면 더 좋겠지요. 특별한 사건이 없었는데도 아이가 발표불안으로 등교를 거부한다면, 아이는 불안을 감소시키기 위한 심리치료가 필요한 상태일 수도 있습니다. 만약 아이가 발표했을 때, 실수해서 친구들이 웃거나 놀려서 그 경험이 너무 수치스러운 것이라면 그 사건에 대해 함께 이야기를 해 보는 것이 필요합니다. 실수해서 아이들이 웃었던 것은 사실이지만, 그 아이들은 그것을 질문자님의 아이처럼 인상적으로 생각하지 않고 대부분 잊어버렸을 것입니다.

발표불안을 낮추려면 연습이 많이 필요합니다.

발표불안은 '발표를 하다가 실수를 하지 않을까?', 또는 '웃음거리가 되지 않을까'라는 걱정이 되어 결국 덜덜 떨면서 제대로 발표를 하지 못하게 되는 상황이 반복되기 때문에 그 악순환의 고리를 끊어야 합니다. 이것은 자신의 과거 경험으로부터 생성한 신념과 가정이 반영되어 생긴 자동적 사고로, 어려움이 있는 사람의 자동적 사고는 흔히 왜곡되어 있거나 부정확합니다. 그러므로 아동이 생각하는 것과 다르게 친구들은 어떻게 생각하고 있는지 객관적으로 알려주는 것이 필요할 것 같습니다. 또한, 성공적인 발표 경험을 통해 불안을 극복하기 위해서는 발표준비를 철저히 하고 학교상황을 떠올리며 연습해보는 것이 가장 효과적인 방법입니다. 또 아이가 소심해서 앞에 나가서 친구들 앞에서 말을 하는 것 자체가 힘들다면 선생님께 미리 말씀을 드리고 아이가 많이 힘들어하고 집에서 연습도 하고 있으니 도와달라고 요청하는 것도 좋은 방법이 될 수 있습니다.

북을 두드리는 것은 감정의 해소가 될 뿐 아니라 지금, 이 순간에 집중할 수 있는 능력을 강화해줄 수 있다. 다른 사람의 소리를 집중해서 듣고 자신의 소리를 통합하여 창작해 내는 과정은 아이들에게 즐거운 긴장감을 선물해 줄 것이다.

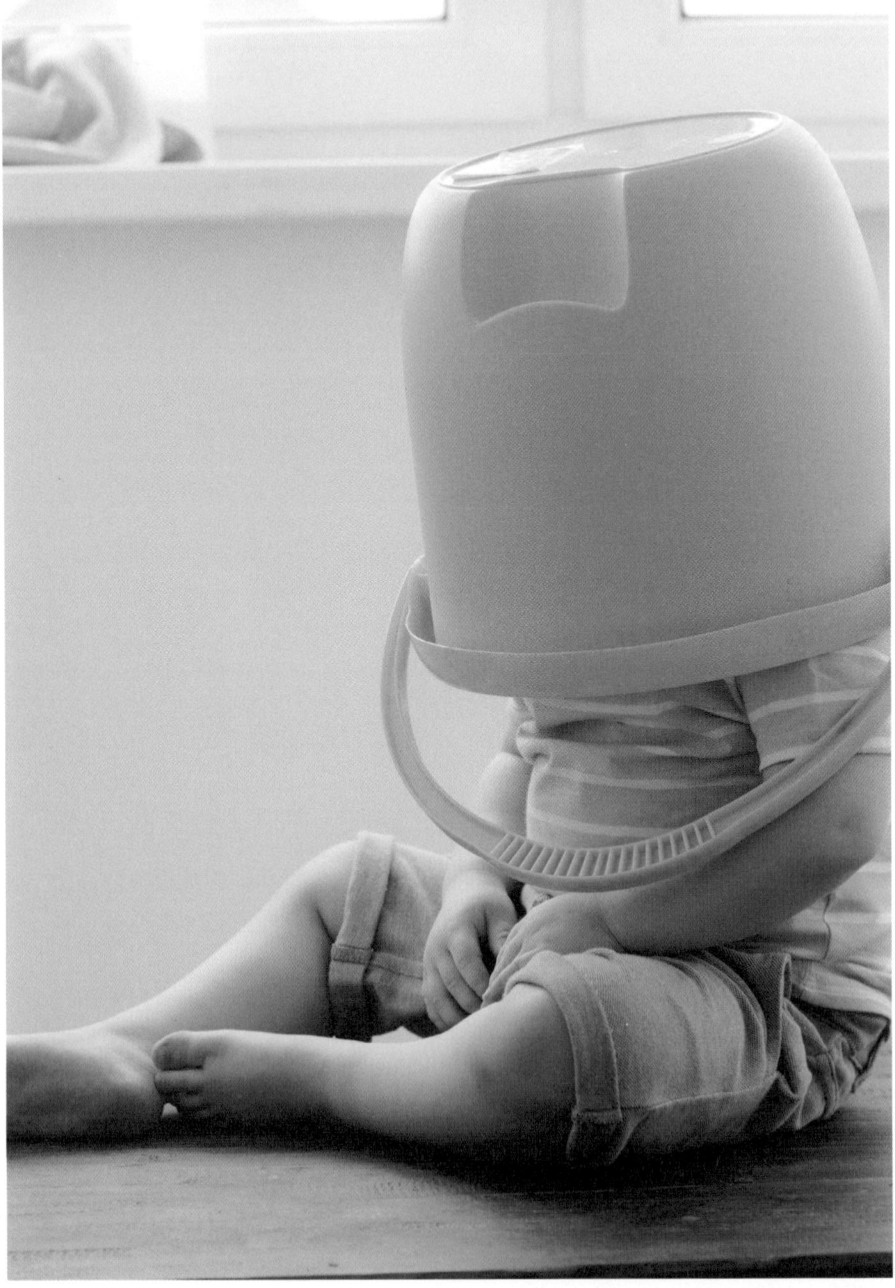

chapter

07

느린 아이 키우기

나와는 너무 다른 내 아이

Brain power라는 말 들어보신 적 있으신가요? 이것은 새로운 정보를 이해하고 그것을 빨리 기억해내는 능력을 이야기합니다. 아이가 느린 것은 이런 두뇌활동이 활발히 돌아가지 않고 있다는 것을 의미하기도 합니다.

답답해요 느린 아이 키우기

아이가 느리다는 것은 상당히 포괄적인 말입니다. 무엇이 느린가요? 행동이 굼뜨고 반응이 느리다는 말일 수도 있고, 또는 언어 발달이나 다른 발달이 느리다는 것도 포함됩니다. 또 학습이 느린 아이들은 학습 장애나 경계선 지능을 의심해볼 수도 있습니다. 어떤 경우가 되었든 아이들은 자기만의 페이스대로 성장하고 발달합니다. 그런 아이를 다른 아이와 비교하면서 "너는 왜 이렇게밖에 하지 못하니?"라고 하는 것은 부모와 아이를 불행하게 만드는 길입니다.

요즘은 국가에서 영유아 건강검진이라고 해서 아이들의 발달을 다양한 영역별로 점검해줍니다. 우리나라의 모든 아이를 전수 검사합니다. 엄마는 그것만 점검해도 충분합니다.

저희 둘째 아이는 운동 발달이 느렸습니다. 아이들은 보통 6개월이면 뒤집고 배밀이를 하는데 아이가 뒤집지도 않고 엎어놓아도 배밀이를 하지 못했습니다. 그래서 아이를 기게 하려고 앞에서 좋아하는 바나나를 흔들어보기도 하고 발을 딛고 기는 방법을 모르나 싶어서 뒤를 차면 앞으로 밀려 나가도록 쿠션으로 받쳐보기도 했습니다. 이동하는 즐거움을 알려주려고 담요를 깔고 그 위에 아이를 놓고 슈퍼맨처럼 끌고 다니기도 했지요.

지금도 둘째는 대 근육 운동 발달이 좀 느립니다. 17개월에 걷기 시작했으니까요. 하지만 애교도 많고 놀이도 잘하고 제 눈엔 마냥 예쁜 딸입니다. 아이에게 부족한 부분이 있다면 치료의 도움을 받을 수도 있고 집에서 엄마가 그 부분을 개입해 줄 수도 있습니다. 그런 도움을 주기 위해서는 아이가 어떤 부분에 어려움을 가졌는지, 어떤 훈련이 필요한지 파악해야 합니다. 그걸 알기 위해 진단이 필요할 수 있습니다.

사실 되돌아 생각해보면 첫째를 돌보며 둘째를 키워야 해서 아이는 바닥에서 놀이하는 시간보다 유모차나 힙시트에 앉아있는 시간이 많았습니다. 그래도 영유아 건강검진 덕분에 아이를 바닥에 놓고 앞에서 딸랑이도 흔들고 바나나도 흔들어보며 시간을 보낸 것이 아이에게 즐거운 시간이 되지 않았을까 생각해봅니다. 아이의 속도에 맞춰 함께 걸어갑시다.

말이 느린 아이

아이가 두 돌이 지나면서 언어는 빠르게 발달하게 됩니다. 3세 때 아이들은 약 1,000개의 단어를 습득한다고 하지만 발달은 아이마다 개인차가 있으니 '왜 우리 아이는 말을 잘 못 할까?'하고 미리 걱정할 필요는 없습니다. 혹시 엄마나 아빠가 어렸을 때 말이 느리지 않았는지 부모님께 한번 여쭤보시는 것도 좋고, 그렇지 않은 경우라면 검사를 해 보는 것도 좋습니다. 발달에는 결정적 시기가 있고 언어 발달이 사회성이나 인지발달에도 영향을 주게 되기 때문입니다.

체크포인트는 단순히 말이 느린 것인지, 아니면 전반적인 발달이 느린 것인지를 살펴야 합니다. 말이 느린 것 때문에 자기 마음을 잘 표현하지 못해서 친구와 놀고 싶은 마음을, 친구에게 갑자기 들이대거나 공격적인 행동으로 표현하는 것이 문제가 될 때는 언어치료가 필요할 수도 있습니다.

아이가 말이 느릴 때는 먼저 수용언어를 체크해 보세요. 수용언어를 살펴본다는 것은 일상생활에서 의사소통을 살펴보는 것입니다. 아이가 말은 느리지만, 본인의 의사 표현을 보디랭귀지나 손 끌기 또는 포인팅으로 표현하나요? 엄마가 하는 말을 듣고 이해하는 것 같은지, 상호작용이 되는지가 중요합니다. 이런 것들이 잘 이루어지고 있다면 단순히 말이 늦는 경우일 확률이 높고 크게 걱정하지 않아도 됩니다.

이런 경우에는 원하는 것을 달라고 손을 끌거나 손가락으로 가리킬 때, 말로 하도록 도와줄 수 있습니다. 예를 들어 물을 달라고 정수기로 엄마를 데려가거나 손으로 가리키는 식으로 표현하는 상황은 "물", "물 주세요"라고 말하도록 연습할 좋은 기회입니다. 요즘 아이들은 원하는 것을 표현하기 전에 엄마가 다 해줘서 말할 필요가 없는 경우도 드물지 않게 볼 수 있습니다. 그것은 아이를 위하는 것이 아닙니다. 아이가 필요한 것을 표현할 수 있는 나이가 되었을 때는 아이가 원하는 것을 표현하도록 하고 그것을 도와주는 것이 아이의 독립심과 문제해결 능력을 키워주는 방법입니다.

아이들의 모든 발달은 개인차가 큽니다. 언어 또한 아이에 따라 빠른 친구는 세 살에 문장으로 말하기도 하지만 조금 늦은 아이들은 몇 개 단어만 사용합니다. 하지만 서로 의사소통이 되고 생활하는 것에 불편이 없다면 조금 기다리면서 언어적인 자극을 많이 해주는 것도 괜찮습니다. 언어적인 자극이라는 것은 아이에게 말을 많이 해주는 것이 가장 대표적입니다. 아이가 하나의 단어를 습득하려면 그 단어를 10,000번 이상 들어야 한다고 합니다.

두 돌 이전의 아이들은 단어를 서서히 습득해 갑니다. 왜냐하면, 이 시기에는 아직 언어능력과 관련된 두뇌 피질이 급격히 성장하기 전입니다. 따라서 아이들은 자신이 필요한 요구가 있을 때 짧은 단어나 몸짓을 사용한 언어를 사용하는 모습을 보입니다. 주로 수용언어가 표현언어보다 먼저 증가하기 때문에 말하는 능력보다 단어를 이해하는 것이 더 앞서게 됩니다.

따라서 아이는 50개 정도의 단어를 이해하지만 말할 수 있는 단어는 그보다 훨씬 못 미치게 되는 것입니다. 24개월쯤 언어능력과 관련된 두뇌 피질의 급격한 성장을 통해 아이들은 언어 폭발기를 맞이하게 됩니다. 엄마, 아빠, 맘마 등 10개 남짓한 단어를 겨우 말하던 아이가 50개 이상의 단어를 말하게 되면서 언어학습도 절정을 이루게 됩니다.

어떤 친구들은 명사에 동사나 형용사를 연결한 두 단어 문장도 시작하게 됩니다. 주로 아이가 긴급히 원하는 것을 표현할 때, 예를 들어 "공놀이하자. 까까 주세요" 같은 것이 첫 문장이 됩니다. 아이들이 단어를 습득하는 것은 부모와의 대화를 통해서 이루어지기도 하지만 어른들의 이야기를 듣고 새로운 단어를 학습하기도 합니다.

이 시기에는 아이들의 운동 발달도 급속히 진행되기 때문에 아이가 하고 싶은 행동을 표현하는 동사 표현이 많이 습득됩니다. 또한, 세 단어 이상의 복잡한 문장구조를 배우게 되고 시제를 사용하게 되면서 아이다운 귀여운 오류를 보이기도 하면서 언어를 배워가는 시기입니다. 3세 이후에는 아이가 셀 수 없이 많은 단어를 사용하며 대화를 하고 이야기를 이해하는 능력을 갖추게 됩니다. 이 시기에 아이의 어휘력을 늘리기 위해서 '책 읽기'가 중요해집니다. 독서는 언어 발달에 큰 도움을 줄 수 있는 활동이자 하나의 놀이입니다.

아이의 언어는 자기를 표현하는 수단인데, 자기표현을 위해서는 자기감정을 이해하는 것이 필요합니다. 아이들이 자라면서 점점 슬픔, 화남, 배고픔, 졸림 등 다양한 감정을 느끼고 그에 대한 단어도 배우게 됩니다. 감정에 관한 언어의 사용은 아이가 자신의 감정을 명확하게 이해하는 방법이 됩니다. 이를 배우기 위해서는 부모가 감정에 대해 솔직하고 정확하게 이야기할 때, 아이는 더 쉽게 감정을 표현하는 단어를 습득할 수 있습니다.

예를 들어 "서빈이가 장난감을 던지면 엄마는 화가 나. 엄마가 화내서 속상하지"라고 이야기하는 것인데요. 이런 표현은 부모가 감정을 솔직하게 말하고 아이의 감정을 읽어줌으로써 아동이 어떤 감정인지 느끼도록 도와줍니다. 이렇게 감정적 언어를 사용하는 것을 통해 아이에게 자신과 엄마의 감정을 이해하도록 도와줄 수 있습니다.

어쨌든 아이가 말이 느리다고 해서 엄마가 전전긍긍하며 불안해하는 것은 아이에게 절대 도움이 되지 않습니다. 친구들보다 말이 느린데 불안하지 않을 엄마가 없겠지만, 그런 마음은 아이에게 고스란히 전해집니다. 괜히 걱정하는 것보다는 언어적인 자극을 많이 주고 실제적인 노력을 하는 것이 더 중요합니다. 집에서 동요나 말하기 CD도 틀어주고, 엄마도 아이에게 말을 많이 걸어주어야 합니다. 아이가 간식을 먹을 때도 "우리 빵 먹자. 맛있는 크림빵이네"라고 한 뒤, 아이가 빵을 먹으면 “정말 맛있다”라고 하는 식으로 엄마가 수다쟁이가 되어야 합니다.

엄마가 자신의 감정을 언어로 표현해주는 것이 좋습니다. 가령 냉장고를 열면서 “냉장고엔 뭐가 있나? 달걀도 있고 사과도 있네”하는 식으로 혼잣말을 하고 “목이 마르네. 물 마셔야겠다”라고 자꾸 말을 하면 아이가 듣고 언어적인 자극을 받게 됩니다.

아이가 옹알이하거나 뭔가 말을 했을 때 제대로 된 말을 가르치려고 하기보다는 그냥 그대로 받아주면 됩니다. 만약 물을 요구하면서 “무~무~”라고 했다면, “물이야. 물”이라고 하며 따라 하도록 하기보다는 “응, 그래. 물 여기 있다. 목이 말랐구나”라고 하는 것이 더 촉진적인 반응입니다.

빨리하게 하려면 짧게 나누어 말하자

아이와 함께 외출하려고 하면 답답하고 화가 날 때가 많습니다. 등원, 등교준비를 할 때도 자주 일어나는 일입니다. 아이들의 외출준비가 오래 걸리는 이유는 어른처럼 빠르게 착착 준비하지 않고 아무것도 하지 않는 상태로 있는 시간이 길기 때문입니다. 엄마는 이런 아이를 보고 답답해서 큰소리를 치게 되고 아이는 기분이 안 좋고 주눅이 들게 되는 것입니다.

아이가 느리게 행동하는 것 중 많은 경우는 듣고도 바로 실행에

옮기지 않는 것입니다. 이런 아이들은 듣고 금방 잊어버리거나 들은 것이 입력되지 않는 경우입니다. 이렇게 아이와 외출준비를 할 때는 정확하게 이야기해주는 것이 좋습니다. "우리는 8시에 집에서 나갈 거야. 지금 20분 남았으니까 어서 양말을 신어"라고 하는 식으로 말입니다. 그리고 "양말 신고 외투 입어"처럼 두 가지를 동시에 지시하는 것은 더 어렵습니다. 아마도 둘 중 한 가지만 기억할 확률이 높습니다. 그러므로 먼저 "양말 신어"라고 한 뒤, 아이가 양말을 신으면 "잘했어. 이제 외투 입자"라고 나누어 이야기하는 것이 좋습니다.

또 아이가 지시에 잘 움직이도록 하려면 아이의 관심을 존중해주어야 합니다. 아침 등원준비 때 혹시 아이는 TV를 보고 있지 않은가요? 그렇다면 엄마가 하는 말보다는 TV의 화면과 소리에 '선택적 주의'를 기울이고 있어서 엄마의 말을 흘려듣고 있을 수 있습니다. 그렇다면 등원 20분 전까지 TV를 보고 끈 뒤에 등원준비를 빠르게 하는 것이 더 효과적일 것입니다. 그렇게 하면 아이도 엄마의 잔소리를 듣지 않아도 되니 기분 좋게 등원준비를 할 수 있습니다.

혹시 Brain power라는 말 들어보신 적 있으신가요? 이것은 새로운 정보를 이해하고 그것을 빨리 기억해내는 능력을 이야기합니다. 아이가 느린 것은 이런 두뇌활동이 활발히 돌아가지 않고 있다는 것을 의미하기도 합니다. 우리는 기억이라는 것을 떠올렸을 때, 머릿속에 저장된 지식이나 일상생활에 필요한 정보나 경험을 기억하는 것을 떠올립니다. 하지만 '기억'은 단순히 정보를 저장하는 것뿐만 아니라 우리가 무언가를 할 때, 이전의 경험을 통해 축적된 지식을 토대로 세상을 이해하고 새로운 것을 학습하는 과정 전체를 이야기하는 것입니다.

기억은 감각기억 - 단기기억(작업기억) - 장기기억의 시스템으로 운영됩니다. 우리는 눈, 코, 입, 귀, 피부라는 감각기관을 통해 외부의 감각 정보를 입력합니다. 엄마가 "양말 신어"라고 말하면 아이의 귀를 통해 소리로 이루어진 감각 정보가 뇌로 입력되는 것입니다. 그런데 그것을 들은 아이가 바로 양말을 신을 수도 있고 신지 않을 수도 있습니다. 그것이 바로 실행기능입니다. 실행기능이란 문제해결을 위해 어떤 전략을 언제, 어디서, 어떻게 적용할 것인지를 알고 적용하는 기능입니다. 이것은 심리학자들이나 신경과학자들 사이에서는 인지조절과 동일한 개념으로 사용되고도 있습니다(특수교육학 용어사전, 2009. 국립특수교육원). 또한 문제해결 과정에는 자신이 현재 어느 위치에 있는지를 알아 적절히 조절하는 자기 점검(self-monitoring)과 자신의 행동을 계획하고 진행하고 평가하는 자기조절(self-regulation) 등이 있습니다. 느린 아이들은 이것이 어려운 것입니다.

감각기관을 통해 들어온 감각기억은 많은 정보를 받아들이지만, 유지시간이 짧습니다. 시각적 정보는 1/10초, 청각은 1~2초 정도 유지됩니다. 감각기억은 뇌에 들어오는 정보 중 어떤 부분이 저장할 가치가 있는지 선택할 시간을 줍니다. 선택은 뇌가 중요하다고 인식하는 것에 달려있습니다. 우리가 중요하다고 생각하지 않는 정보는 감각기억 단계에서 사라지게 됩니다. 그것을 처리하기 위해선 아이가 '선택적 주의'를 통해 엄마가 말한 "양말 신어"라는 말을 단기기억으로 가져가야 합니다.

작업기억이라고 하는 단기기억은 들어온 감각기억을 장기기억으로 저장하고 장기기억에서 우리가 필요로 하는 정보를 떠올리기도 합니다. 작업기억에서 이루어지는 것은 바로 전에 경험한 일을 기억하거나, 우리 기억 속의 정보를 꺼내서 그것을 활용하는 것입니다. 이것은 중요하지만 단순합니다. 내가 머릿속으로 '라면이 먹고 싶다'라고 생각하거나 집 앞 마트에 걸어서 가는 것도 작업기억을 통해 이루어지는 것입니다. 단순하지만 굉장히 중요한 단기기억은 우리의 삶을 처리하는 데에 필수적이고 학습에도 큰 영향을 미칩니다. 따라서 작업기억이 잘 기능한다면 시험 문제를 쉽게 풀어서 좋은 성적을 거둘 수도 있고 글쓰기도 잘할 수 있습니다. 하지만 잘 기능하지 못하면 생각하는 것이 어려우므로 복잡한 추론을 하는 것이 어렵고 단순한 연산을 하는 것에서 어려움을 겪기도 합니다. 따라서 학습문제가 발생하게 됩니다.

하지만 아이들의 뇌는 아직 완성되지 않고 발달하고 있으므로 연습을 통해 작업기억을 강화할 수도 있습니다. 우리가 쉽게 작업기억을 테스트해 볼 방법으로는 '숫자 기억해서 말하기'가 있습니다. 요즘은 휴대전화로 이름만 누르면 전화가 걸리기 때문에 우리는 작업기억을 연습할 기회를 많이 잊어버렸지만, 예전에는 전화번호를 눌러서 전화를 걸었습니다. 전화번호는 주로 000-0000으로 7개의 숫자로 이루어져 있었지요. 이것이 보통 수준의 작업기억을 가진 성인이 기억할 수 있는 정도의 숫자입니다.

아이들은 이것보다 조금 더 적은 수의 수를 기억할 수 있습니다. 그렇다고 작업기억 훈련을 위해 아이에게 계속 숫자를 불러주고 기억했다 말하게 하면 아이가 재미있어할까요? 그렇지 않겠지요. 아이와 함께 연습하기 위해서는 재미있는 놀이로 하는 것이 효과적입니다.

작업기억 훈련하기

1. 기억력 게임

제가 어렸을 때 저는 친구들과 '시장에 가면'이란 놀이를 했었습니다. 어떻게 하는 놀이인지 아시는 분들도 계시겠지만, 한번 소개해 보겠습니다. 한 명씩 돌아가면서 아이템을 말하게 됩니다. 두 번째 친구는 첫 번째 친구가 말한 것을 말하고 자기가 하나 더 생각해서 말합니다. 세 번째 친구는 첫 번째, 두 번째 친구가 말한 것을 순서대로 말하고 또 하나를 추가합니다. 그렇게 계속 하나씩 늘려나가며 박자와 음률에 맞춰 노래하듯이 말하는 겁니다.

친구 1: 시장에 가면 사과가 있고
친구 2: 시장에 가면 사과가 있고, 오이도 있고
친구 3: 시장에 가면 사과가 있고, 오이도 있고, 콜라도 있고
친구 1: 시장에 가면 사과가 있고, 오이도 있고, 콜라도 있고, 우유도 있고
친구 2: 시장에 가면 사과가 있고, 오이도 있고, 콜라도 있고, 우유도 있고, 수박도 있고

이렇게 계속하다 보면 기억을 못 하거나 순서가 틀리는 친구가 생깁니다. 그러면 그 친구는 '인디언 밥'을 맞게 되지요. 사실 우리가 매일 학교에서 했던 받아쓰기나 연산문제 풀이도 작업기억 훈련입니다. 동화책을 읽으면서도 기억 놀이를 해 볼 수 있습니다. 짧은 동화책을 읽고 내용에 대한 질문에 대답해보는 것입니다.

◆ 질문예시

- 누가 나왔지?
- 누가 어디에서 뭘 했지?
- 그래서 어떻게 되었더라?

이야기의 흐름에 따라 질문을 하면 아이도 곧잘 대답할 수 있습니다. 처음에 글 밥이 많지 않은 책으로 시작하는 것이 좋습니다.

2. 스트룹 과제

또 다른 작업기억 훈련으로는 '스트룹 과제'가 있습니다. 스트룹 과제란 하나의 색상 명이 적힌 단어카드 또는 화면을 주는데 그 카드에 적힌 단어와 글자색이 같게 또는 다르게 구성됩니다. 그 제시된 카드를 보고 최대한 빨리 그림의 글자색을 말하는 테스트입니다. 그림의 단어를 읽는 것이 아니라 적혀있는 글자의 색상을 말하는 것이지요. 빨강이라고 적힌 초록색 글자가 적혀있다면 "초록'이라고 말해야 정반응입니다.

카텔(James McKeen Cattell)은 1886년 연구를 통해 '빨강'이라는 글자를 읽는 것이 색을 보고 '빨강'이라고 말하는 것보다 더 빠르다는 것을 발견하고, 이러한 현상이 나타나는 이유는 글자를 읽는 것이 더 익숙하기 때문이라고 밝혔습니다(Cattell, 1886).

스트룹 훈련을 하려면 먼저 카드를 준비해야 합니다. 유튜브에 '스트룹테스트'라고 검색하시면 자동으로 화면이 넘어가는 영상으로

편하게 훈련하는 것도 가능하지만 아이와 함께 놀면서 하기 위해서는 함께 카드를 만드는 것이 더 좋은 방법입니다. 일반적으로 스트룹 과제는 중립, 일치, 불일치 조건의 세 가지 조건으로 구성됩니다.

중립카드는 글자 없이 색상만 있는 카드입니다. 일치 카드는 적혀있는 단어와 글자색이 일치하는 것을 말합니다. 예를 들어 파란색으로 파랑이라고 적혀있고 검은색으로 검정이라고 적혀있는 것이지요. 반대로 불일치 조건에서는 적혀있는 단어와 글자의 색상이 다른 것을 말합니다. 예를 들면 글자는 파란색인데 단어는 노랑이라고 쓰여있는 것을 의미합니다. 이런 세 가지 카드를 각 5장 이상씩 만들어 섞어봅시다. 그리고 스피드게임처럼 카드를 한 장씩 넘기면서 1분 동안 각자 몇 개를 할 수 있는지 대결해봅시다. 타이머를 켜놓는 것만으로도 심장이 두근거리기 시작하고, 급한 마음에 실수라도 하면 웃음보가 터지게 되겠지요.

과제는 단어의 글자가 아닌 색상을 최대한 빨리 말하는 것입니다. 우리는 글자를 보면 반사적으로 글자를 읽게 되는데 이 과제를 하는 동안 의식적으로 그것을 억제하고 뇌의 작업기억을 활용해서 글자의 색상을 말하는 과정을 거치는 것입니다. 이를 통해 작업기억이 수행되는 전두엽을 활성화할 수 있는 것입니다.

일치자극

불일치자극

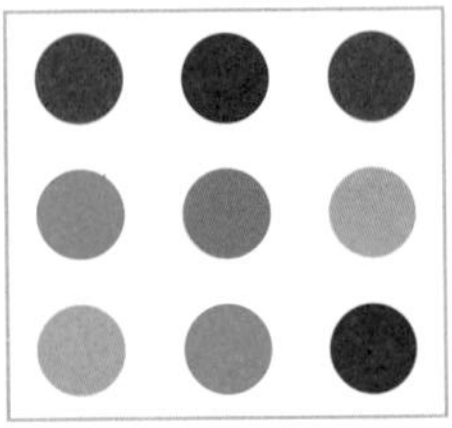
중립자극

프로그램 07

순간집중을 즐기기

엄마 아빠와 함께 하는 아이 활동

"북치는 가족"

아이를 키우면서 많은 시행착오를 했어요. 한 명의 아이를 키웠지만, 아이에게 모든 에너지를 쏟고 정신을 집중하며 아이가 어릴 때는 내가 주는 사랑의 방식이 무조건 옳다고 믿고 있었지요. "아는 만큼 보인다"라는 말이 있듯이 심리학, 예술 심리치료 공부를 시작하게 되면서부터는 아이의 '문제'라고만 여겨왔던 것이 '문제'가 아니라 '다름'이라는 것을 알게 되었고, 대부분 아이가 가진 성향은 엄마 아빠가 만든 것이라는 것도 알게 되었지요.

내가 가진 상식의 틀에 부합되지 않으면 불안했고, 일반적인 행동을 하지 않을 때는 '잘못된', 또는 '고쳐야 하는' 문제라고 생각했습니다. 아이가 어릴 때는 엄마의 문제가 크게 드러나지 않았지만, 아이가 사춘기라는 자연스러운 과정을 거칠 때는 나의 시행착오와 부족함을 깨달으며 마음이 아픈 시간도 보냈습니다. 결론적으로는 엄마는 아이를 믿고 기다려 주는 인내심을 가지는 것이 가장 중요하다는 것을 알게 되었지요. 아이가 변화되어야 한다고 생각하는 요소가 있다면 우선 엄마부터 변화해야 합니다. 엄마가 변화하면 어린아이들이나 청소년 아이들도 당연히 변할 수밖에 없어요. 우리 가족 누구든 변화하기를 바란다면 방법은 단 하나뿐입니다. 내가 변화해야 하는 것, 그 외에는 어떤 방법도 없어요.

느린 아이라면 감각을 보다 민감하게 깨워주고 긴장감 있는 순간들에 집중하도록 하는 경험이 도움이 될 것입니다. 물론 한두 번에 되는 일은 절대 아니에요. 엄마가 말로 잔소리하고 아이를 재촉하는 것보다는 훨씬 빠른 효과를 가져오고 아이와의 소통도 좋아지겠지만 엄마가 일관된 태도로 꾸준히 반복적으로 경험하도록 해주는 것이 중요합니다. 물론 다양한 것들을 경험하도록 해야겠지요. 그래서 한 가지 예시 활동을 소개할게요. 아이를 위해 놀아주는 게 아니라 엄마 아빠도 함께 즐거운 경험이 될 수 있어요. 아이와 함께 창의적인 방법으로 신나게 놀아주는 엄마와 아빠, 이보다 더 훌륭한 부모가 있을까요?

준비물

1.5ℓ 생수 페트병 / 플라스틱 김치 통 / 스테인리스 냄비나 주전자 등 두들겨서 소리가 명쾌하게 나는 재활용품들 / 드럼 스틱같이 나무 재질로 된 스틱 / 무게감 있는 젓가락 등(드럼 스틱으로 사용할 도구).

프로그램 실행방법

❶ 각자 원하는 도구를 가지고 허벅지 사이에 끼워 놓거나 바닥에 둔다.

❷ 신나는 드럼 소리 음악을 들으면서 모두 함께 리듬에 맞춰 각자 하고 싶은 대로 북을 두들겨 본다.

❸ 음악을 끄고 한 사람이 만든 간단한 리듬을 다른 두 사람이 따라 해 본다.

❹ 3번의 과정을 돌아가면서 여러 번 반복한다.

❺ 자신의 리듬을 간단히 만들어 계속 반복하여 세 사람이 각자 다른 리듬이지만 일정한 박자 안에서 조화를 이루도록 시도해 본다.

❻ 통제된 연주를 반복하고 나면 신나고 자유로운 리듬으로 북을 치는 기회를 준다.

❼ 신나는 즉흥연주를 마친 후에 어려웠던 점과 재미있었던 점을 구별하여 서로 이야기 나눈다.

Key Point 재활용품으로 놀이도구를 만드는 것은 아이들에게도 흥미로운 경험이 되고 환경에 대한 올바른 인식을 심어줄 수 있다. 일상생활에서 무심히 지나치던 사물에 대하여 새로운 인식을 가져볼 수 있도록 창의적인 발상을 유도할 기회이다. 북을 두드리는 것은 감정의 해소가 될 뿐 아니라 지금, 이 순간에 집중할 수 있는 능력을 강화해줄 수 있다. 다른 사람의 소리를 집중해서 듣고 자신의 소리를 통합하여 창작해 내는 과정은 아이들에게 즐거운 긴장감을 선물해 줄 것이다.

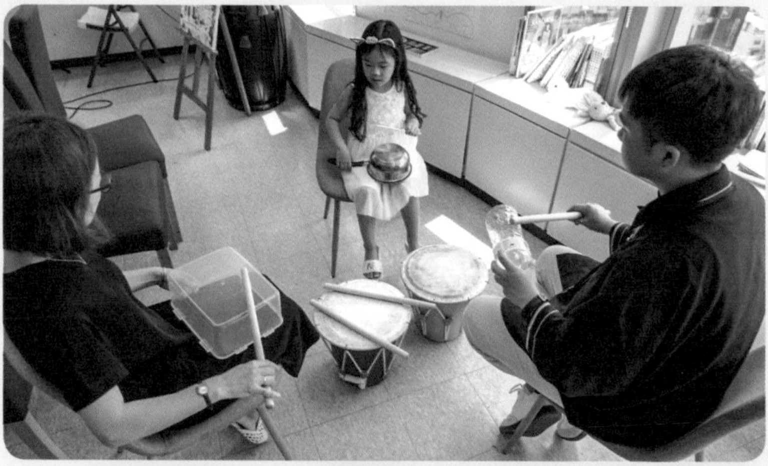

육하칼럼

절차기억 사용하기

영어든 줄넘기든 잘할 수 있다

Q. 요즘 초등학생들은 할 게 너무 많아요. 영어, 수학, 독서 토론, 줄넘기... 아이는 욕심에 다 잘하고 싶은데 마음처럼 되지 않아 속상해합니다. 어떻게 도와주어야 할까요?

A. 요즘 아이들 재미있는 경험도 많이 하고 재미있게 사는 것 같다가도 일상을 들여다보면 마음이 짠해집니다. 해야 할 것이 너무 많은데 힘들다고 혼자 아무것도 하지 않을 수도 없고... 미래의 세상은 조금 달라지기를 소망합니다. 몇 년 전, KBS 스페셜 '우리가 영어를 못하는 진짜 이유'라는 다큐멘터리에서 우리가 그렇게 긴 시간 영어를 배우고 공부했지만 결국 영어를 잘하지 못하는 이유를 밝혔습니다. 그것은 '서술기억'과 '절차기억'이라는 우리 뇌의 기억에 관한 이야기였습니다. 우리가 모국어를 학습할 때는 절차기억을 사용하지만, 외국어를 학습할 때는 서술기억을 사용한다는 것이었고, 결국 영어도 모국어처럼 절차기억을 사용하면 잘할 수 있다는 이야기였습니다. 그렇다면 절차기억은 무엇이고 어떻게 사용할 수 있을까요?

기억이란 무엇일까요?

보통 기억이라는 말을 들으면 가장 먼저 드는 생각은 정보를 '저장한다' 또는 '암기한다' 등의 단순한 의미일 것입니다. 우리가 생각하는 기억은 컴퓨터에 정보를 저장하듯이 우리의 머릿속에 중요한 내용을 상기시키고 잊지 않는 것입니다. 하지만 실제 우리의 뇌에서 처리하는 기억은 그렇게 단순하지가 않습니다. 우리의 기억이라는 것은 우리가 어떤 상황을 처리할 때 우리의 뇌에 저장된 기억을 떠올려 그것을 통해 세상을 이해하고 자기의 관점을 통해 그것을 다시 저장하는 것을 말합니다. 다시 말해 삶을 처리하는 것입니다.

우리의 기억은 다양한 종류가 있습니다. 그중 위에서 언급한 '서술기억'과 '절차기억'에 대해 알아보겠습니다. 서술기억이란, 우리가 일반적으로 생각하는 기억과 비슷합니다. 우리가 외우려고 노력해서 외우는 것들과 경험을 통해 생긴 에피소드들을 처리합니다. 이것은 의식적으로 떠올리려고 해서 사용하는 것입니다.
반대로 절차기억이라는 것은 몸이 기억하는 것입니다. 우리가 그걸 어떻게 하는지 굳이 떠올리려고 노력하지 않아도 걷고, 뛰고, 자전거를 타고, 밥을 먹습니다. 그것은 반복적인 훈련을 통해 우리가 반사적으로 할 수 있는 것입니다. 기억상실증에 걸리더라도 절차기억은 대부분 유지할 수 있기도 합니다.

기억을 못 하는 남자

1953년 'H.M'이라는 남자가 간질로 인해 뇌수술을 받았습니다. 그는 측두엽 일부를 절단했고, 그로 인해 기억상실에 걸리게 되었습니다. 그 사람으로 인해 우리는 뇌에 대해 많은 새로운 사실을 알게 되었는데, 그것은 놀라웠습니다. 이 사람은 수술 이후에 있었던 일에 대해 기억을 하지 못했습니다. 그것에 관한 실험연구로 매일 별 모양을 따라 그리는 것을 했습니다. 매일 별 모양 따라 그리기 연습을 했더니 별 그리기 수행률은 점점 높아졌지만 정작 그는 자신이 매일 그리기 연습을 한 것은 기억하지 못했습니다. 뇌의 손상으로 그리기 연습을 했다는 사실은 잊었지만, 손으로 매일 그린 별을 몸이 기억했던 것입니다.

매일 반복의 위대함

그렇다면 우리가 잘하고 싶은 영어와 줄넘기도 절차기억을 통해 저장해야 한다는 쉽고도 어려운 결론을 맞이하게 됩니다. 그것은 결국 매일 반복하는 것입니다. 줄넘기를 잘하고 싶다고 주말에 몰아서 연습하는 것보다는 5분이라도 매일 반복하는 것이 도움이 될 것입니다. 영어도 마찬가지입니다. 자꾸 말해보고 문장을 따라 해 보는 것이 우리의 뇌가 영어를 체득할 수 있도록 하는 것입니다. 우리가 매일매일 무언가를 한다면, 우리가 연습한 것을 기억하지 못한다고 할지라도 우리의 몸은 그것을 기억하고 해낼 것입니다.

chapter

08

소통하는 사회성 좋은 아이로 키우기

나와는 너무 다른 내 아이

아이의 적응에 가장 큰 영향을 끼치는
엄마와의 관계에 대해 다시 생각해봅시다.
엄마에게 자기표현을 잘하고 긍정적인
상호작용을 하는 아이라면 친구와도
그렇게 할 수 있는 잠재력을 가지고 있는
것입니다.

사회성 좋은 아이란?

사회성이란 무엇일까요? 우리가 아이의 사회성을 떠올릴 때는 주로 아이의 친구 관계나 대인관계를 생각하게 될 것입니다. 사실 사회성이란 말은 의미가 좀 모호한 것 같기도 합니다. 사전에서 비슷한 말을 찾자면 '사회화'라는 표현이 등장합니다. 사회화(socialization)란 인간이 그가 속한 사회의 한 구성원으로 성장해 가는 과정, 즉 공동체의 언어, 사고방식, 역사, 공동체 안에서의 생존과 발전에 필요한 생활습관, 다른 구성원들과의 관계를 규제하는 도덕적 규범들을 학습할 수 있는 환경을 만들어 내는 것을 의미합니다. 이것은 우리가 생각하는 사회성과 꽤 비슷하기도 합니다. 사실 사회성이라는 표현보다는 아이의 '사회적응력'이 더 우리가 생각하는 말의 의미와 가까운 것 같습니다.

"머리는 타고난다"는 말이 있듯이 저는 우리가 사회성이라고 부르는 '사회에 적응하는 능력'도 타고나는 부분이 많다고 생각합니다. 사실 모든 것은 타고난 것이 있고 또 그것이 성장하면서 필요에 따라 발달하기도, 퇴화하기도 합니다. 기질적으로 사회적 상호작용에 대한 욕구가 높기도 하고 낮을 수도 있습니다. 눈치가 빠른 사람도 있고 눈치가 정말 없는 사람도 있는 것도 다 주어진 성격입니다. 따라서 우리가 말하는 그 '사회성'을 기른다는 것은 어떤 사람에게는 본능을 거스르는 괴로운 일이 될 수도 있습니다.

어쨌든 인간은 사회적 동물이고 아이들은 유치원이나 학교에 자기 나름의 방식대로 적응해야 한다고 생각합니다. 꼭 리더십을 가지고 반장이 되고 공부를 잘해야 한다는 이야기가 아닙니다. 아이가 불편한 마음 없이 즐거운 사회생활을 하기 위해서 적응해야 하고, 적응하지 못하면 등원 거부나 재원을 포기해야 하는 상황이 발생하기 때문입니다. 아이의 타고난 기질은 바꿀 수 없지만, 적응력을 높일 수 있도록 도와줄 수 있습니다. 유치원 적응을 위해 필요한 것은 무엇일까요?

먼저 자조 기술입니다. 친구들과 잘 지내고 못 지내는 것은 그다음 문제입니다. 자기 스스로 용변이 마려우면 선생님께 얘기하고 화장실에 가서 해결할 수 있어야 하고, 식사 시간에는 숟가락, 젓가락, 포크로 스스로 먹을 수 있어야 합니다. 겉옷을 벗거나 실내화를 갈아 신고 가방을 거는 등 생각보다 스스로 해야 할 일은 많습니다. 잘되지 않거나 힘들 때는 스스로 선생님께 도움을 요청할 수 있어야 합니다.

또 수업 시간 동안 자리에 앉아있을 수 있어야 합니다. 공부를 열심히 하진 않아도 일어나서 돌아다녀서는 안 됩니다. 큰 소리로 떠드는 것도 안 되지요. 이렇게 생각하면 아이들이 유치원을 잘 다니고 있는 것만으로도 고마워해야 할 것 같습니다.

우리가 생각하는 사회성인 대인관계기술을 살펴보자면, 더 복잡합니다. 다양한 상황에 대처하는 기술을 필요로 하는데 여기서 문제는 이전에 경험해보지 못한 상황도 자주 발생한다는 것입니다. 그럴 때 우리는 이전에 학습된 관계의 패턴을 기초로 반응하게 됩니다. 우리의 인간관계의 기본은 한 사람과의 관계, 생애 초기에 주 양육자와 형성한 애착을 바탕으로 합니다. 그렇다면 애착은 무엇일까요?

'애착'은 뭔지 알 것 같으면서 말로 설명하기 어려운 느낌입니다. 애착이란, 아기나 어린 동물이 엄마나 친밀한 대상과 형성하는 정서적 유대감입니다. 그런데 애착은 사실 단순히 정서적인 유대만을 위한 것은 아닙니다. 아기나 어린 동물은 사실 혼자서는 생존을 이어갈 수 없습니다. 반드시 누군가가 돌봐주면서 젖을 주고 보살펴야만 합니다. 이것이 애착 기제의 기본입니다. 아기들은 살기 위해 엄마에게 눈 맞춤과 미소를 보냅니다. 이렇게 양육과정에서 생기는 둘만의 유대관계가 바로 애착입니다. 따라서 아이의 대인관계 유형은 엄마와의 관계에서 형성된 패턴을 유지하게 됩니다. 보울비는 애착의 작동모델이 삶을 통해 지속되는 경향이 있으며, 부모 자녀 관계 때문에 촉진되므로 애착 형태가 세대를 거쳐 유전된다고 하였습니다.

그렇다면 아이의 적응에 가장 큰 영향을 끼치는 엄마와의 관계에 대해 다시 생각해봅시다. 엄마에게 자기표현을 잘하고 긍정적인 상호작용을 하는 아이라면 친구와도 그렇게 할 수 있는 잠재력을 가지고 있는 것입니다. 그런데 간혹 엄마에게는 말을 잘하지만 선생님에게는 또는 친구에게는 부끄럼을 많이 타는 아이도 있습니다. 이런 성격의 아이들은 자주 친구들을 만나게 해주고 또 '단짝'을 만들어 주는 것이 도움이 됩니다. 낯을 가리고 부끄러워서 자기표현을 잘하지 못하는 것일 때에는 친구들과 노는 것이 재미있다는 것을 경험하게 해주면서 친한 친구에게 조금씩 말문이 트이도록 도와주는 것이 필요합니다.

만약 아이와의 관계가 매끄럽지 못하고 항상 갈등상황이 되면서 부정적인 상호작용을 하게 되는 경우라면 아이의 미래를 위해서라도 하루빨리 바꾸려고 노력해야 합니다. 그럴 땐 무엇 때문에 그렇게 되는지, 언제 주로 그런 상황이 생기는지 생각해봅시다. 사실 아이와 문제가 있다면 엄마의 관계 맺는 패턴이나 의사소통 유형에 대해 살펴볼 필요가 있습니다. 아이는 엄마에게 배운 것이기 때문입니다. 그런 상황이라면 아이는 친구와도 자꾸 부정적인 상호작용을 하게 될 것이고, 결국 집단에 적응하는 것이 어려운 아이가 되기 쉽습니다. 그런 상태로 아이를 친구들과 어울리도록 하면 부정적인 경험이 쌓이게 되어 아이를 더 힘들게 할 뿐입니다.

아이와의 관계를 회복하고 싶다면 먼저 아이의 말을 들어봅시다. 아이의 말에 귀 기울이는 것이 되지 않는 엄마는 아이와 관계가 당연히 나쁘지 않을까요? 먼저 잘 들어보겠노라고 아이에게 다짐하고 잘 들어주는 것을 시작해야 합니다. 아이의 말을 들어줄 때는 당연히 아이와 눈을 맞추어야 합니다. 그리고 몸의 방향도 아이 쪽으로 향하도록 합니다. 어떨 때는 집안일을 하며 대화를 해야 할 때도 있겠지만 그렇지 않도록 하는 편이 낫고, 시간이 없더라도 '관계의 회복'을 위해 반드시 시간을 내야 합니다.

아이의 말을 들어보면 아이의 불만이나 관심사를 알게 될 것입니다. 그것에 대해 함께 이야기해 봅시다. 아이가 그것을 좋아한다고 해서 엄마도 꼭 그것을 좋아해야 하는 것은 아닙니다. 그것에 대해 솔직히 표현하는 것이 더 좋다고 생각합니다. 그것에 대해 너무 부정적인 의견을 피력하는 것은 추천하고 싶지 않지만 솔직한 표현이 아이의 마음을 열어 줄 것으로 생각하기 때문에 엄마의 의견을 솔직히 이야기하도록 합니다. 만약 아이의 의견이 나와 다르다고 해서 그것을 부정해서는 안 됩니다. 둘이 같은 의견일 필요는 없지만, 아이의 의견을 존중하는 태도를 보여야 합니다.

아이의 사회성은 아빠 하기 나름

아빠의 육아 참여가 아이의 사회성을 높인다는 말은 많이 들어보셨을 겁니다. 그런데 왜 그런지는 잘 모르시는 분이 많습니다. 아이가 세상에 태어나 처음 엄마와 애착 관계를 형성하게 됩니다. 그런데 맨 처음 신생아 시기의 아기는 엄마와 자신을 분리하지 않고 엄마가 해주는 양육을 '자기의 전능함'으로 여긴다고 합니다. 대상 관계 이론의 학자 마거릿 말러는 신생아가 태어나 생후 몇 주 동안은 '정상적 자폐 단계'라고 표현하였습니다. 이 시기의 아기들은 주로 잠을 자고 외부의 다양한 자극에 반응하지 못하기 때문입니다. 이 단계에서 신생아는 외부 현실과 차단되어 있다고 보았습니다.

그러다 아기가 점점 외부 자극에 반응하기 시작합니다. 이때 엄마의 존재를 어렴풋이 인식하게 됩니다. 이 시기를 말러는 '정상적 공생단계'라고 명명하였습니다. 이 시기의 아기들은 자기와 엄마만을 인식하고 그것이 분리되어 있다는 것은 알지 못합니다. 따라서 자신과 엄마가 붙어있는 공생관계라고 믿고 있다고 보았습니다. 그러다가 말러의 핵심이론인 '분리 개별화 단계'를 맞게 됩니다. 분리 개별화를 통해 비로소 아이는 엄마와 자신이 분리된 존재라는 것을 인식하고 이것은 유아기에 거쳐 천천히 진행됩니다.

이러한 과정에 따라 아이는 엄마는 곧 자기라고 인식하고, 그때 처음 만나는 타인이 바로 '아빠'입니다. 따라서 아빠와 처음으로 타인과의 관계 맺기 시작하게 되는 것입니다. 엄마를 통해 자아상을 형성할 때, 아빠를 통해 타인 상을 형성하는 것입니다. 그러므로 아빠는 육아에 적극적으로 참여하고 아빠와의 긍정적인 상호작용이 아이의 사회성 발달에 긍정적인 영향을 줄 수 있게 됩니다. 만약에 아빠를 무서워하는 아이라면 이후에 대인관계를 두려워하게 되거나 성인 남자에 대한 두려움을 갖게 되는 경우도 흔합니다. 아빠와 비슷한 남자 선생님에게는 자기표현을 잘하지 못하게 될 수도 있는 것입니다.

엄마들이 아빠를 육아에 동참시킬 때 아빠의 육아 참여가 사회성에 도움이 된다는 사실은 무척 매력적입니다. 그런데 많은 아빠는 육아에 대해 무지하기도 합니다. 예전보다는 많이 나아졌다고는 하지만 아직도 육아는 엄마 담당인 경우가 대부분입니다. 일단 아빠는 엄마보다 아이와 보내는 시간이 적기 때문에 아이와 어떻게 놀아야 할지 잘 모르는 경우도 많습니다. 아이가 어릴 때는 사실 아빠가 놀아주기가 더 쉽습니다. 주로 신체 놀이를 많이 하고 그런 것을 아이가 굉장히 좋아하는 시기이기 때문에 체력적으로 힘들 수는 있지만 놀아주는 보람을 느낄 기회이기도 합니다. 아빠가 아이와 함께할 수 있는 신체 놀이를 몇 가지 소개하겠습니다.

가장 흔한 것으로 '비행기 놀이'가 있습니다. 우리가 어렸을 때부터 많이 탔던 아빠 다리 비행기를 태우고 "떴다 떴다 비행기~ 날아라~ 날아라~"노래를 부르며 아이를 움직여줍시다. 다리나 발이 배에 닿기 때문에 간지럽기도 하고 비행기를 타는 것이 재미있어 아이는 무조건 빵 터지게 되는 놀이입니다.

또 다른 놀이로는 '숨바꼭질'이 있습니다. 어린아이들은 숨바꼭질

하면서 분리불안을 해소할 수도 있습니다. 잠깐 숨어서 안 보였다 다시 엄마 아빠가 나타나는 것을 통해서 내 눈에 엄마가 보이지 않아도 금방 다시 돌아온다는 것을 인식시켜줄 수 있는 놀이입니다. 특히 아빠가 퇴근하고 돌아왔을 때 아이가 숨어 있다가 나타나면서 "짜잔!"

하고 나타나며 깜짝 놀라도록 해주는 놀이라면 더 재미있어할 것입니다.

'고장 난 로켓 놀이'도 있습니다. 먼저 "로켓 출발합니다~~ 5! 4! 3! 2! 1! 발사!"를 외치며 아이의 겨드랑이를 잡고 아이를 발사 소리와 함께 높이 들어 올립니다. 높은 곳으로 붕 뜬 아이를 양쪽으로 몇 번 흔들다가 "어? 어?"하면서 조금씩 비틀대며 아이를 바닥에 살짝 내려놓습니다. 로켓 놀이는 아이들이 정말 좋아하는 놀이이기 때문에, 자꾸 해달라고 해서 체력적 한계를 경험하게 될 수도 있습니다.

사실 아빠들이 아이와 놀아주게 되면 아이뿐만 아니라 아빠에게도 긍정적인 영향을 주게 됩니다. 아이와 놀면서 아이가 아빠를 좋아하게 되고, 아이와 잘 놀아주게 되면 엄마도 아빠에게 고마워하게 되니까요. 또한, 육아에 적극적으로 참여하는 것을 통해 아빠도 가족의 구성원으로 자기 몫을 다하게 되고 아이의 행복해하는 모습을 보며 아빠는 열 배 더 행복해질 것입니다.

감정이 무딘 아이

감정이라는 것은 개인마다 상황에 따라 느끼는 감정이 다르고 그것을 표현하는 방법도 제각각입니다. 화가 날 때, 소리를 치고 과격한 행동을 하는 사람이 있는 반면에 입을 꾹 닫고 아무 말도 하지 않는 사람도 있습니다. 그런데 감정에 무딘 사람도 있습니다. 어떤 상황에 너무 좋아서 눈물을 흘릴 수도 있지만, 조용히 담담히 지나가는 사람도 있습니다. 물론 조용히 담담히 있는 사람이 꼭 감정이 무디다는 말은 아닙니다. 하지만 감정에 대한 민감성이 낮은 경우에는 자신의 감정뿐만 아니라 다른 사람의 감정을 읽는 것도 어려울 수 있습니다. 그런 사람은 상황에 따라 자신의 반응을 정확하게 표현하지 못하고 상대방의 반응도 알아차리기 어려우므로 대인관계에 어려움을 겪게 됩니다.

이렇게 감정에 무딘 아이는 다른 사람의 감정을 잘 파악하지 못할 뿐만 아니라, 자신의 감정을 어떻게 표현해야 할지 모르기도 합니다. 그런 아이들은 다양한 감정에 대해 알려주는 것이 필요합니다.

먼저 감정과 관련된 단어를 떠올려봅시다.

다양한 단어들을 포스트잇에 하나씩 적어서 벽에 쭉 붙여놓고 함께 살펴봅니다. 가능하면 어떤 느낌인지, 어떨 때 그런 기분이 드는지

◆ 단어 예시

기분이 좋아 / 뿌듯해 / 통쾌해 / 무서워 / 짜증나 / 심심해 / 피곤해 / 졸려 / 반가워 / 슬퍼 / 마음이 아파 / 편안해 / 서운해 / 답답해 / 지루해 / 신나 / 혼란스러워 / 황당해 / 화가 나 / 즐거워 / 조마조마해 / 외로워 / 만족스러워 / 두근두근해 / 아쉬워 / 쓸쓸해 / 쑥스러워 / 싫어 / 속상해 / 사랑스러워 / 불편해 / 감동스러워 / 걱정돼 / 귀찮아 / 기쁘다 / 깜짝 놀랐어 / 곤란해 / 괴로워 / 허전해 / 힘들어 / 안심돼 / 막막해 / 미안해 / 분하다 / 부끄러워

함께 얘기해보면 좋습니다. 표정 그림이나 사진도 함께 준비하면 더 좋습니다.

하루에 한 번씩 오늘의 감정을 선택해보는 시간을 가져봅니다. 그것에 대해 기록을 남기면 더 좋습니다. 칸이 넓은 달력이나 다이어리를 이용해서 매일의 감정을 기록하고 한 달에 한 번씩 감정에 대한 결산을 해 봅니다. 이번 달에는 기쁜 일이 몇 번 있었고 어떤 일들이 기뻤는지, 어떤 화나는 일이 있었는지 이야기해 보면서 그때 어떻게 했으면 더 좋았을지도 같이 얘기해 봅니다. 그렇게 하다 보면 그다음에는 화가 나는 일이 생겼을 때 대처하는 방식이 더 유연해질 수도 있고 슬픈 일이 있을 때는 그냥 시원하게 울어 볼 수도 있습니다. 어쨌든 자신의 감정을 인식하고 표현하는 것이 첫 번째 단계입니다.

엄마나 아빠가 짓는 표정을 보고 기분을 알아맞히는 놀이를 해볼 수도 있습니다. 동화책을 읽으면서도 "누구의 기분은 어떨까? OO라면 어떻게 할 것 같아?"라고 감정을 이입하며 상황에 대한 감정을 생각해보는 것도 많은 도움이 됩니다.

예전에 아이가 문화센터의 발레수업을 들은 적이 있는데 그 학기의 주제는 '백설 공주'였습니다. 그때 수업이 참 재미있게 진행이 되었는데, 그것은 바로 백설 공주가 되어보는 것이었습니다. 아이들은 어떤 날은 백설 공주가 되어 사과를 한입 베어 물고 사과를 떨어뜨리며 그 자리에 쓰러져보는 연기를 하기도 했고, 다른 날은 왕비가 되어 거울을 보면서 "거울아~ 거울아~ 이 세상에서 누가 제일 예쁘니?"라고 해보기도 하였습니다. 그 프로그램에서 아이들이 너무 재미있어하는 것을 했는데 그냥 재미로 끝나는 것이 아니라 어떤 인물이 되어 그 사람의 마음을 생각하면서 연기를 해보는 것이 아이의 정서 인식에 굉장히 도움이 될 것 같다는 생각이 들었습니다. 이번 주말엔 아이와 함께 '백설 공주'나 '번개 맨'이 되어봅시다.

마음 이론에 대하여

2~7세의 아이들은 자기중심적이기 때문에 본인이 생각하는 것이 무조건 옳다고 생각하고 다른 사람이 다르게 생각할 수도 있다는 것을 알지 못합니다. 또 상황에 따라 감정이 변한다는 것도 이해하지 못하기도 하고요. 이러한 아동의 자기 중심성을 체크하는 유명한 실험이 있습니다. 바로 샐리&앤 실험(Sally Anne Test)입니다. 샐리는 바구니 옆에, 앤은 박스 옆에 있습니다. 샐리가 바구니에 공을 넣고 나갑니다. 앤이 그 공을 꺼내어 상자에 넣고 나갑니다. "샐리가 돌아와 공을 꺼낼 때 어디를 열어볼까요?"라는 상황질문에 대답하는 것입니다.

아직 어린 우리 아이들은 아마도 자신만만하게 "박스"라고 대답하겠지요. 왜냐하면, 아이는 앤이 공을 옮기는 것을 보았으니까요. 샐리가 공을 옮기는 것을 보지 못했다는 생각은 하지 못합니다. 이것이 바로 마음 이론의 부재, 자기중심적 사고를 보여주는 실험입니다.

마음 이론이란 자신의 의도, 신념, 이해, 바람이 자신이나 다른 상대방의 행동에 영향을 미친다는 것을 이해하는 능력입니다. 마음 이론이 잘 발달되어 있는 사람은 타인의 마음을 인지하고 이해하는 공감 능력이 뛰어나겠지요. 반면에 아이들은 아직 타인의 처지를 이해하지 못하고 자신의 처지에서 상황을 이해합니다.

아이가 성장함에 따라 타인 조망 수용에 대한 인식이 생기면 어떤 부분이 좋아지게 될까요? 바로 친 사회적인 행동이 증가하게 됩니다. 친 사회적 행동은 사회적인 관계 형성에 필요한 것으로 타인을 돕거나 협동을 할 수 있게 해줍니다. 이를 통해 아이들은 친구를 도와주거나 장난감을 빌려주기도 하고 우는 친구를 위로하려고 토닥거리기도 합니다.

이것을 어떻게 연습해볼 수 있을까요? 다양한 상황에 대한 주인공의 기분을 생각해보도록 할 수 있습니다. 만약 아이가 토끼 인형을 굉장히 좋아한다고 합시다. 그렇다면 다른 아이도 토끼 인형을 좋아한다고 생각하겠지요. 그렇다면 아이에게 "이 친구가 경찰차가 갖고 싶은데 생일선물로 토끼 인형을 받았어. 그러면 이 친구 기분이 어떨까?"라고 가정해보는 것이죠. 그러면 아이는 "기분이 좋지. 토끼 인형은 예쁘니까"라고 대답할 확률이 높습니다.

그렇다면 다시 질문해 봅시다. "OOO는 토끼 인형이 너무 갖고 싶은데, 할머니가 생일선물로 운동화를 사주시면 기분이 어떨까?"라고 물어봅시다. 자신의 기대와 다른 상황에 기분이 어떤지 먼저 연습해보고, 그다음 친구의 기대와 다른 상황에서 친구가 어떤 기분일지 생각해보면 마음 이론을 이해하는 것에 조금씩 다가갈 수 있을 것입니다.

또 비슷한 예로 친구들이 놀릴 때, 놀림을 받을 때, 어떤 기분인지 함께 나누어봅시다. "OOO가 속상해서 울고 있는데, 친구가 너를 울

난 샐리!
난 앤!
공을 여기에 넣어야지!
잠깐 물 마시고 올께

보라고 놀리면 기분이 어떨까?"라고 물어보는 것이죠. 당연히 기분이 안 좋을 것입니다. 울고 있는데 울보라고 놀린다면 기분 좋을 사람은 아마 없겠지요. 그런데 자기가 놀리는 것이 친구를 속상하게 한다는 것까지는 아이들이 잘 생각하지 못합니다. "생각해보니까 속상하지? 그러니까 OOO도 친구가 울 때는 놀리지 말고 가서 등을 토닥여주자"라고 상황에 대처하는 친 사회적 행동을 알려주고 인형을 가지고 연습해 볼 수 있습니다.

프로그램 08

공감 능력을 키우기

엄마와 함께하는 아이 활동

"너에게 주는 선물"

엄마가 아이의 말이나 행동에 확실하게 반응을 해주거나 작은 것에도 감탄을 해주는 것은 정말 중요합니다. 그런데 엄마는 온종일 바쁘지요. 아이를 씻기고, 입히고, 먹이고, 놀아주다 보면 집안일은 밀려있고 마음은 점점 초조해지고 짜증이 나기 마련이에요. 엄마의 몸이 너무 피곤해서 잠시 누워있고 싶어도 아이가 옆에 와서 조잘거리며 자신의 말이나 행동에 반응해주길 원하니 엄마는 잠시도 쉴 틈이 없어요. 세상에서 가장 어렵고 힘든 역할이 '엄마'라는 것은 백번 맞는 말입니다. 그래서 엄마의 역할을 한다는 것은 참고 인내하는 수행의 길이라고도 하지요.

그렇지만 조금만 더 견디어 보세요. 아이들은 자라나고 곧 엄마보다 친구가 더 좋은 나이, 그리고 엄마보다 여자 친구나 아내가 더 좋은 때가 올 테니까요. 그래서 지금의 힘든 시간이 내 아이의 인생에서 가장 중요한 시기라고 생각하면 누구보다 강한 우리 엄마들은 더욱 힘을 내서 잘 해낼 수 있으리라 믿습니다.

아이의 말이나 행동에 반응해주는 엄마의 태도나 그 반응양상은 아이에게 그대로 스며들어 나중에 아이가 타인에게 반응해주는 태도가 될 것입니다. 아이의 정서는 엄마 아빠가 가장 중요한 역할을 맡고 있지만, 아이가 놀이가 가능해지는 시기가 되면 친구와 노는 법을 터득하게 됩니다. 이때 아이가 친구에게 반응하는 말이나 행동에 따라 친구와 잘 지내는 아이가 되기도 하고, 친구와 자꾸 부딪히며 싸우는 아이가 되기도 합니다. 타인을 배려할 줄 알고 타인이 소중하다는 것을 아는 것은 아주 어릴 때부터 부모에 의해 가지게 되는 인간에 대한 가치관입니다. 이렇게 어릴 때부터 만들어지는 공감 능력은 어떠한 환경에서도 인정받고 사랑받는 존재가 되고 결국 사회성이 좋은 아이로 자라나게 되겠지요. 가정도 작은 사회라는 것을 꼭 기억해주세요.

아이들에게 공감 능력을 만들어 주기 위해 엄마는 아이와 즐겁고 의미 있는 놀이시간을 만들어 주세요. 그림 그리기를 좋아하는 아이들은 엄마와 함께하는 미술 시간을 무척 좋아할 테고, 이러한 놀이를 해주는 엄마는 아이에게 최고의 엄마가 되지요. 아이들은 그림 그리기를 통해 자신의 마음을 표현할 수 있고, 그림을 통해 공감받는 경험을 하는 것은 아이가 타인과 관계 맺는 연습을 하도록 도와줍니다.

준비물

흰색 켄트지 2절지 2장 / 오일 파스텔 / 파스텔 / 스카치테이프

프로그램 실행방법

❶ 평평한 벽에 아이의 눈높이를 맞추어 도화지를 두 장 붙인다. 두 장은 각각 조금 떨어진 곳에 붙인다. 이때 아이가 자기가 그림을 그리게 될 도화지를 어디에 붙이고 싶은지 그 위치를 아이 스스로 결정하게 한다. 엄마는 엄마가 붙이고 싶은 곳에 아이의 눈높이와 키 높이에 맞추어서 붙인다.

❷ 각자 자기 도화지 앞에 서서 자신이 생각하는 자신의 특징을 살려 자화상을 그려준다. 이때 자화상은 반드시 얼굴을 그려야 하는 것은 아니다. 자신을 닮은 다른 것을 상징적으로 그려도 좋고, 자신의 모습을 추상적인 낙서처럼 그려도 좋다. 중요한 것은 나 자신을 생각하면 어떤 것이 바로 떠오르는지를 생각해서 그림으로 바로 옮겨보는 것이다. 이 활동에서 아이가 이해할 수 있도록 쉽게 설명해주고, 엄마가 먼저 그림을 시작하면서 모델링이 되어주면 좋다.

❸ 각자 그린 자화상이 완성되면 무엇을 그린 것인지 서로에게 설명해 준다.

❹ 서로 설명을 들은 후에는 엄마는 아이의 그림 앞으로, 아이는 엄마의 그림 앞으로 가서 그림을 감상한다.

❺ 서로의 그림에 더 채워주고 싶은 이미지나 색깔, 더욱 빛나고 보기에 좋은 그림이 될 수 있도록 서로의 그림에 그림을 그려서 마음의 선물은 준다.

❻ 내가 받은 선물이 무엇인지, 그림이 어떻게 달라졌는지를 함께 이야기 나눈다. 이때 엄마는 아이가 그려준 그림으로 인해 엄마의 그림이 훨씬 멋있는 작품이 되었고 아이가 선물로 준 그 마음이 무엇인지 이해하고 기뻐하는 반응을 보여주며 고맙다고 말한다.

❼ 활동한 후에 서로의 기분이 어떤지 이야기 나눈다.

Key Point 그림을 그리기 전에 아이가 질문할 수도 있다. '뭘 그려야 해요?', '어떻게 그려요?', '너무 어려워요' 등의 여러 가지 질문을 한다면 엄마는 어떠한 '특정한 형식과 규칙이 없는 그림 그리기'에 관하여 충분히 설명해주고 아이가 용기를 내서 표현을 시도할 수 있도록 돕는다.

처음에는 아이가 적극적이지 않은 모습을 보일 수 있으나 점 하나만 찍어도 선 한 줄만 그어도 엄마는 아이의 그림에 감탄하고 칭찬해 줄 준비가 되어 있어야 한다. 아이가 무엇을 표현했든 그 마음은 무조건 이해받고 인정받아야 하는 것이 중요하기 때문이다. 감각으로 표현하고 느끼는 예술 활동은 아이들의 심리적 안정에 큰 도움을 줄 것이다.

육아칼럼

사회성 발달

엄마 껌딱지, 친구보다 엄마가 좋아요

Q. 세 살 여자아이를 키우고 있습니다. 올해 초 어린이집에 보냈다가 너무 울고 가기 싫어해서 그냥 집에서 엄마와 지내고 있습니다. 주변의 저희 아이 또래의 다른 아이들은 키즈 카페나 놀이터에서 친구들과 어울려 놀고 친구 집에도 놀러 가고 하는 것을 보면 엄마랑 떨어지기 싫어하는 저희 아이가 또래와 어울리지 못하는 것 같아 걱정됩니다. 놀이터에서 친구를 사귀어보려고 해도 아이가 제 뒤로 숨고 부끄러워합니다. 저희 아이 괜찮은 걸까요?

A. 첫 아이를 처음 어린이집에 보내던 때가 생각납니다. 우는 아이를 두고 발이 떨어지지 않았고 집에 와서도 내내 불안했던 기억이 납니다. 그래서인지 저희 아이는 어린이집에 들어가면서 울지 않을 때까지 꽤 오래 걸렸습니다. 저는 아이가 울며 등원하는 몇 달 동안 아이를 계속 보내야 하나 말아야 하나 고민하면서 우는 아이를 억지로 떼어서 들여보내는 일에 우울증이 올 지경이었습니다. 그때 동네 엄마가 해준 얘기가 있습니다. "적응 못 하는 애는 없어. 기다리지 못하는 엄마가 있는 거지."

처음으로 엄마와 떨어져 생활하는 것이 불안할 수 있습니다.

아이의 분리불안은 여러 가지 원인이 있습니다. 기질적으로 불안이 높은 아이일 수도 있고 또는 엄마가 분리에 대해 가지는 불안이 아이에게 고스란히 전이되기도 합니다. 아이를 처음으로 기관에 보내는 엄마의 마음도 당연히 불안하겠지요. 하지만 그 불안은 엄마 본인뿐만 아니라 어린이집에 가는 아이도 불안하게 만듭니다. 따라서 마음을 편안하게 가지도록 노력하고 아이에게도 "이따 엄마가 데리러 올게"라고 꼭 이야기해주도록 합니다.

어쩌면 엄마와 안정된 애착을 맺지 못한 경우일 수도 있습니다. 안정된 애착은 아이의 탐색을 위한 안전기지가 되어 아이가 편안하게 혼자 탐색할 수 있도록 도와줍니다. 하지만 불안정 애착을 형성하게 되면 아이가 엄마를 찾지 않거나, 반대로 이 사례처럼 엄마에게서 떨어지지 않으려고 하고 엄마가 다시 돌아와도 쉽게 진정하지 못하기도 합니다. 안정된 애착을 형성하는 데 필요한 것은 '민감성'과 '즉각성'입니다. 그것은 아이가 원하는 것을 엄마가 민감하게 알아차리고 그것을 바로 제공해주는 것이 필요하다는 것을 말합니다.

아직은 엄마와의 관계가 더 중요합니다.

세 돌 이전의 아이는 사실 친구와의 관계가 크게 중요하지 않습니다. 왜냐하면, 이 시기의 아이들은 같이 노는 것 같아도 같은 공간에서 비슷한 놀잇감으로 평행놀이를 하는 단계입니다. 평행놀이(Parallel Play)란 나란히 놀이하지만 각자 자신의 놀이를 하는 것으로 공유하거나 상호작용을 하지는 않는 것을 의미합니다. 아이들의 사회성이 본격적으로 발달하는 시기는 5세 이후이기도 하므로 만 3세까지는 엄마와 안정된 관계를 형성하고 상호작용을 높이는 것이 오히려 그 이후 사회성 발달에 더 도움이 될 수 있습니다. 엄마와 함께 다양한 놀이를 경험해봄으로써 긍정적인 정서를 함께 느끼고 정서를 공유하는 것이 훗날 아이가 친구들과 집단에서 즐거운 생활을 하는 밑거름이 되어줄 것입니다.

아이들의 발달은 개인차가 있습니다.

사람마다 성격이 제각각이듯, 우리 아이들도 외향적인 아이, 내향적인 아이가 있고 밖에 나가는 것을 좋아하는 아이가 있는가 하면 집에서 혼자 조용히 노는 것을 좋아하는 아이도 있습니다. 다른 아이들이 놀이터에서 친구와 노는 것을 좋아한다고 해서 우리 아이도 그래야만 한다는 생각은 좋지 않고, 오히려 아이에게 부담감을 줄 수 있습니다. 아이와 충분한 대화를 통해 아이가 정말 원하는 것을 알고 함께 할 때 행복한 아이로 자랄 수 있습니다.

chapter

09

톡톡 튀는 창의적인 아이로 키우기

나와는 너무 다른 내 아이

아이들이 창의력을 위한 상상력을
발휘하기 위해서는 놀이가 중요합니다.
이것은 교육으로 이루어지는 것이
아닙니다.

잘 노는 아이가 창의적이다

4차 산업혁명 시대에는 세상이 어떻게 달라질까요? 우리는 달라진 세상에서 아이를 어떻게 키워야 할까요? 알파고가 이세돌 9단을 이긴 2016년부터 이런 고민이 본격적으로 시작되었습니다. 아마 다음 세대는 인공지능과 로봇이 발전되어 지금과는 또 다른 세상이 펼쳐질지도 모르겠습니다. 4차 산업혁명 시대에 필요한 인재는 '자기 스스로 생각하고 자기가 원하는 방향을 설정하고 행동할 수 있는 아이'여야 한다고 생각합니다. 창의력 연구를 하는 하버드 대학교의 가드너 교수와 아마빌 교수 등은 "창의성은 새롭고 유용한 산출물을 만들어 낼 수 있는 개인적인 능력이다"라고 정의하였습니다.

저 또한 아이를 키우는 한 엄마로서 아이가 잘 자라서 세상에서 자기가 하고 싶은 일을 하면서 행복하게 살기를 바랍니다. 엄마라면 누구나 그렇겠지요. 그래서 우리나라의 사교육 시장의 열기가 사그라지지 않나 봅니다.

우리나라의 사교육 시간은 이미 세계에서 가장 높습니다. 실제 통계자료를 살펴보자면 OECD의 '2012 PISA(Program for International Student Assessment, 학업성취도 국제비교) 결과' 보고서에 따르면, 한국 학생들의 사교육 참여 시간 평균은 주당 3.6시간에 이른다고 합니다. 사실 많은 엄마들은 알고 있겠지만 우리 아이들은 주당 3.6시간보다도 훨씬 많은 시간을 학원에서 보내고 있습니다. 이것은 OECD 회원국 평균은 36분에 불과한 것과 비교하면 엄청

난 차이이지요. 그렇다면 우리나라 아이들이 공부를 가장 잘할까요?

아쉽게도 그렇지는 않습니다. 한국 청소년들은 주당 8시간 55분을 수학에 할애할 만큼 수학 공부를 열심히 하고 있는데 PISA의 수학 성적(2003년)은 542점이었고, 1주일에 4시간 22분만 하는 핀란드 학생은 544점이었습니다. 점수 차이는 별로 나지 않지만 공부하는 시간을 살펴보면 우리 아이들은 수학 공부를 두 배 이상 많이 하는 것입니다. 이런 결과를 보면 속상합니다. 우리는 왜 이렇게 아이들을 공부로 내몰고 있는 것일까요?

사실 학령기 아이들이 공부하는 것은 당연히 해야 할 일은 하는 것입니다. 그런데 우리나라의 사교육 시장은 이미 2~3세 때부터 조기교육에 뛰어들도록 만들고 있습니다. 한참 놀면서 두뇌를 발달시킬 영유아 시기에도 아이들은 교육경쟁에 내몰리도록 하는 분위기는 바뀌어야 한다고 생각합니다. 그것은 결국 엄마들의 불안과 욕심이 불러온 결과입니다. '내 아이는 다른 아이보다 더 잘해야 한다'라는 생각이 엄마를 불안하게 합니다. 하지만 영유아기 아이들에게 필요한 것은 정서적 안정감을 토대로 자기 나름의 발달 속도에 따라 건강하게 자라는 것입니다. 엄마가 욕심을 버리고 중심을 잡아야 행복한 아이로 자랄 수 있습니다. 아이가 자기의 역량을 펼칠 수 있도록 엄마는 든든한 버팀목이 되어주어야 합니다.

아이들이 창의력을 위한 상상력을 발휘하기 위해서는 놀이가 중요합니다. 이것은 교육으로 이루어지는 것이 아닙니다. 아이들이 놀면서 상상력을 더 발휘하기 위해서는 화려한 장난감이 필요하지 않습니다. 요즘의 장난감들은 정말 너무 고퀄리티에 전자 작동까지 되는 멋진 것들이 많습니다. 하지만 아이들의 놀이에서는 네모난 나무

블록이 접시도 될 수 있고 전화기도 될 수 있으며 스케이트도 될 수 있습니다. 중요한 것은 아이가 놀이에 몰입하여 자기만의 세계에 푹 빠져들어 가는 것입니다. 아이와 놀아줄 때는 아이의 리드에 따라가도록 합니다. 엄마가 주도적으로 하는 놀이에 익숙한 아이들은 스스로 놀지 못합니다. 아이가 어떻게 진행하는지 보고 거기에 잘 따라가 주면 아이가 엄마와의 놀이를 정말 행복해할 것이고, 아이와의 관계도 저절로 좋아질 것입니다.

이야기를 많이 들려주는 것도 상상력을 발휘할 수 있는 좋은 방법입니다. 아이가 글자를 읽을 수 있더라도 엄마가 소리 내어 읽어주는 것이 좋습니다. 아이가 귀로 이야기를 들으면서 인물에 대한 상(像)을 떠올리게 됩니다. 그래서 어린아이들은 책을 한 번 읽고서 여러 번 다시 읽어달라고 하곤 합니다. 이것은 아이의 상상력이 증폭되는 순간입니다. 아이가 그 이야기에 흠뻑 빠져서 머릿속으로 상상의 나래를 펼치고 있는 것입니다. 아이는 책에 그려진 그림과 관계없이 자기 머릿속에 새로운 그림을 그릴 것입니다.

책 읽기 습관을 내면화할 때까지는 엄마가 소리 내어 같이 읽어주고, 다 읽고 난 뒤에 책 내용 중 생각나는 것을 그림으로 그려 본다든지, 5~6세 이후에는 독서장을 만들어 책 내용 중 생각나는 것을 글이나 그림으로 표현하고 어떤 장면이 기억에 남았고, 어떤 느낌이 들었는지 이야기를 나누어보는 것도 좋습니다.

자기 주도적인 아이

자기 주도적이라는 말은 외부적인 요소에 의존하지 않고 자기 스스로 끌어내는 것을 의미합니다. 저는 아이가 창의성을 발휘하기 위해서 자기 주도성이 뒷받침되어야 한다고 생각합니다. 자기가 스스로 끌어내지 않은 새로운 것을 아이의 창의성이라고 할 수는 없습니다. 사교육이 꼭 나쁜 것은 아니지만 아이가 스스로 공부할 수 있다면 그렇게 많은 사교육이 필요하지는 않다고 생각합니다. 사교육을 너무 많이 받으면 아이가 스스로 무엇을 할 필요도 없고, 그럴 시간도 없게 됩니다. 그렇게 되면 자기가 무엇을 하고 싶은지 알 수 없습니다. 엄마들이 만든 스케줄에 따라 쳇바퀴 돌 듯 학원과 각종 센터를 돌아다니며 하루하루를 보낸 아이들은 자라서 뭘 해야 할지 모르게 됩니다.

적어도 아이가 자기 인생을 설계할 수 있게 해주려면 학원을 보내더라도 선택권을 주어야 합니다. 무엇이 되었든 선택하는 경험을 해볼 기회를 주는 것이지요. 예를 들어 아이가 오늘 입을 옷을 정할 때도 엄마가 정해주는 것보다는 “이거랑 이거 중에 뭐 입을까?” 하는 식으로 두 가지 정도의 선택지를 주는 것이 더 좋습니다. 매일 엄마가 입으라는 옷을 입는 아이는 무엇을 결정할 때 엄마에게 의존해서 결정하게 될 수 있습니다. 하지만 너무 많은 선택지는 어린아이들에게 혼란을 가져옵니다. 따라서 두 가지 정도의 안을 제시하며 아이의 선호에 따라 선택하도록 하는 것은 아이에게 고민하고 결정하는 경험을 해보게 하는 손쉬운 방법입니다.

그런데 아이가 결정해도 되는 것에 대해서는 아이가 결정하도록 하지만 꼭 해야 할 일에 대해서는 선택권을 주지 않아야 합니다. 이 닦는 것을 선택하라고 할 수는 없습니다. 꼭 해야 하는 일과에 대해서는 하기 싫다고 하더라도 "이건 하는 거야"라고 말하고 억지로라도 시켜야 합니다. 아이에게 선택권을 주라고 했다고 해서 모든 것을 결정하도록 하지는 않는다는 말입니다. 이걸 혼동해서 아이에게 끌려다니지 않아야 합니다.

아이의 주도성은 어디에서 나올까요? 이것을 위해 약간의 방목적 육아가 필요합니다. 요즘 아이들은 장난감도 많고 다양한 프로그램에 어렸을 때부터 많이 참여합니다. 어쩌면 너무 과잉 자극이 주어지고 있을 수도 있습니다. 아이들은 그렇게 다양한 장난감이 없어도 주변 사물을 탐색하고 그것을 장난감 삼아 잘 놉니다. 그렇게 많은 자극이 주어지면 아이는 흥분상태가 되고 탐색하는 것이 금세 피곤해집니다. 오히려 아이들은 그냥 좀 심심하면 무언가 그리거나 만들고 또는 물건에 상상력을 더해 가상놀이(Pretend Play)를 하게 됩니다. 가상놀이란 어떤 사물, 상황, 사건 등에 실제와 다른 가상의 새로운 의미를 부여하여 노는 것으로 유아의 창의력을 발휘할 수 있고 아이들이 정말 좋아하는 놀이입니다. 아이들은 가상놀이에 자신들이 의미를 부여한 것이 현실과 다르다는 것을 이미 알고 있습니다. 유아들의 사고력 발달을 위해 이 가상놀이는 중요한 역할을 합니다. 또 이런 놀이에서는 아이들이 상징을 많이 사용하고 상징을 사용하는 능력 또한 유아의 표상적 사고를 발달시키는 원동력이 되는 것입니다.

위험한 몇 가지만 치워두면 집 안에 모든 물건은 장난감이 됩니다. 특히 주방은 탐색할 거리가 많습니다. 다양한 사이즈의 냄비와 국자 세트만 있으면 반나절은 즐겁게 놀 수 있습니다. 거기에 밀가루 풀을 쑤어 수프라고 담아주면 감각 놀이까지 더해져 국자로 떠서 그릇에 담고 손으로 만져보고 하면서 신나고 즐겁게 놀 수 있습니다. 아이를 자기 주도적으로 키우고 싶다면 아이에게 “위험해”라는 말을 조금 줄이고 스스로 탐색하고 찾아서 놀이할 기회를 많이 제공해주어야 합니다.

미술 활동을 할 때도 다양한 재료를 제공해주고 아이가 뭔가 만들거나 그려보도록 하는 것이 좋습니다. 재활용 분리수거에 있는 것 중에 멋진 작품이 될 수 있는 재료들이 많이 있습니다. 다 쓴 휴지심이나 요구르트병, 플라스틱 병뚜껑이나 다양한 크기의 상자 등등, 이런 재료를 조합해 뭔가 구조물을 만들어보는 것도 같은 사이즈의 블록으로 맨날 집을 만드는 것보다 더 확장된 사고를 할 수 있습니다. 물감도 꼭 붓으로 칠할 것이 아니라 종이를 말고 잘라 붓을 만들어본다든지, 또는 헝겊을 뭉쳐 붓처럼 만든다든지, 방법은 무궁무진합니다. 처음엔 다소 어색해할 수도 있고 어떻게 해야 하나 고민할 수도 있겠지만 기다리고 지지해 주면 아이는 어느새 멋진 예술가가 되어 있을 겁니다.

디지털 기기는 최소한으로

어느 날, 유치원에 다녀온 딸아이가 말했습니다. "엄마, 오늘 유치원에서 배웠는데 핸드폰 많이 보면 왼쪽 머리가 커지고 몸이 거북이처럼 작아진대. 그래서 하루에 동영상 3개만 보기로 약속했어"라고 하는 겁니다. 저는 너무 웃음이 나는데 아이는 정말 진지했습니다. 유치원에서도 이제는 미디어 중독 예방에 대해 교육을 하는 시대가 되었습니다.

아이가 "왼쪽 머리가 커진다"라고 하는 말은 아마도 우뇌의 발달을 방해한다는 말이겠지요. 아이는 정말로 왼쪽 머리가 커진다고 믿고 무서워했지만요. 스마트폰이나 영상미디어는 화려한 시각적 자극으로 인해 우뇌발달이 지연되어 좌뇌에만 치우치는 편향적인 뇌로 자랄 가능성이 크다고 합니다. 사실 스마트폰 중독의 악영향은 좌뇌와 우뇌발달보다 상호작용에 대한 문제가 더 큽니다. 즉각적이고 일방적인 자극에 익숙해진 아이들은 양방향 상호작용에 미숙하게 되고 그것은 받아들이지 못하게 되기도 합니다.

아이들은 뇌가 성장하고 자라는 과정 중에 있는데 그 과정에서 이루어지는 것이 시냅스의 가지치기(Pruning)입니다. 아이들은 태어나서 뇌가 발달하는 동안 시냅스가 기하급수적으로 증가하다가 점점 가지치기를 통해 많이 사용하는 중요한 시냅스는 남겨지고 사용하지 않는 시냅스는 제거하게 되는데요. 아이들이 TV나 유튜브, 게임에 빠져있을 때 아이들이 사고하는데 필요한 시냅스가 제거되고 있다는 것이 무서운 겁니다. 이런 시냅스가 가지를 치는 동안에 우리가 살아가는데 필요한 시냅스 연결을 발달시켜야 하는데, 미디어 자극을 계속 주게 되면 아이가 나중에 상대방의 말과 상관없이 혼자 말하거나 소통이 잘 안 되는 문제를 갖게 될 수도 있다는 것이고, 또 뭔가를 생각해내지 못하고 무기력하거나 주어진 것에 버튼만 누르는 단순 작업밖에 못 하는 아이가 될지도 모르는 심각한 문제입니다.

나이에 따른 시냅스 변화

출전: Rethinking the Brain, Families and Work Institute, Rima Shore 1997; Founders Network Slide

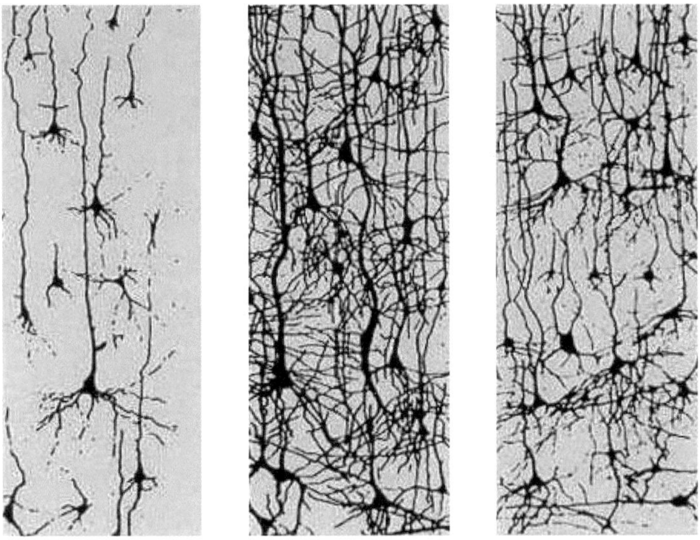

출생시: 시냅스 밀도 빈약　　6세: 학습 민감기의 과잉 연결　　14세: 유용한 정보만 기억

신경발달을 위해서는 몸을 움직이는 신체활동이 필수적인데 이

런 미디어를 보는 동안 아이들은 전혀 몸을 움직이지 않습니다. 기대어 앉거나 누워서 보겠지요. 그러면 한참 운동 발달이 일어나고 그 움직임을 통해 연결된 신경회로로 전달된 자극 때문에 또 시냅스에 변화가 일어납니다. 그렇게 우리 아이들의 운동신경과 뇌 신경에 나쁜 영향을 주게 되는 것입니다.

지금 당장 휴대전화를 뺏으면 울긴 하겠지만 그 울음은 10분도 채 가지 않습니다. 아이를 달래기 위해, 아이와 식당에서 외식하기 위해 많은 엄마가 뽀로로 동영상을 틀어서 손에 쥐여줍니다. 식당에 온 어린아이들은 대부분 스마트폰으로 동영상을 보고 앉아있습니다. 스마트폰 없이 아이와 외식하는 것이 어렵다면 외식을 하지 않는 것이 맞습니다. 아니면 아이가 가지고 놀 수 있는 작은 장난감을 준비해야 합니다. 아직 아이가 식당에서 밥을 먹는 것이 훈련되지 않았다면, 남편과 교대로 먹던지 아이는 맡기고 외출하는 것을 선택해야 합니다.

미국 실리콘밸리에서 일하는 사람들은 아이들에게 미디어를 접하게 하지 않습니다. 우리에게 그런 것을 만들어 주고 정작 자기 아이들에게는 못하게 하는 것입니다. 우리가 알고 있는 유명한 스티브 잡스나 빌 게이츠는 아이들에게 스마트폰도 주지 않고 TV 시청도 금지했다고 합니다. 우리도 우리 아이들의 미래를 위해 노력해야 합니다. 아이들 앞에서 스마트폰 금지! TV는 꼭 보기로 약속한 프로그램만 보기로 해야 합니다.

같은 책 반복 읽기로 상상의 나래 펼치기

책 읽기가 아이들에게 필요한 습관이라는 것은 많은 엄마가 알고 있는 사실입니다. 요즘 엄마들은 아이가 어렸을 때부터 책 읽기 습관을 길러주기 위해 목이 아프도록 읽어주는 사람도 많습니다. 오죽하면 TV에 동화 읽어주는 채널도 등장했을까요. 책을 읽어주는 것이 생각보다 쉽지 않다는 얘기를 엄마들이 많이 합니다. 많은 아이가 엄마가 책 읽어주는 것이 재미있어서 계속 요구하고 그 요구를 들어주느라 한 시간이 넘도록 책을 소리 내어 읽으면 목이 아프고 지치기도 합니다.

그래도 아이들에게 책 읽기 습관을 만들어 주는 것은 큰 유산을 물려주는 것과 같습니다. 그러기 위해서는 어렸을 때 수면을 위한 루틴을 만들면서 잠자리 책 읽기를 습관화하는 것이 제일 좋은 방법입니다. 일반적인 수면 루틴으로는 ①목욕이나 샤워를 마치고 ②어두운 방에서 수면 조끼나 잠옷을 입고 ③동화책을 읽고 자장가를 불러주는 것으로 합니다. 이것은 정해져 있는 것이 아니라 엄마가 자신의 아이가 좋아하고 엄마가 잘할 수 있는 것으로 정하면 됩니다. 그렇지만 한번 정한 루틴은 되도록 바꾸지 말고 매일 같은 순서로 반복하도록 합니다. 이게 익숙해지면 아이는 저녁에 '목욕을 한 후에, 책을 읽고 자는구나'라고 자신의 스케줄을 예상할 수 있고 규칙적으로 잠자리에 들 수 있게 됩니다.

TV의 동화 읽어주는 채널을 저는 추천하지 않습니다. 독서교육에서 주로 권장하는 방법은 엄마가 책을 읽어주고 한글을 읽을 수 있더라도 스스로 내용을 이해하며 읽을 수 있을 때까지 읽어주는 것이 좋다고 합니다. 아이가 초등학교에 들어가고 난 뒤에도 스스로 책을 읽고 내용을 파악할 수 있는 고학년 정도 되어야 혼자 읽을 수 있게 됩니다. 그러므로 엄마가 소리 내어 함께 읽어주면 아이는 책의 내용 중에 궁금한 것에 관해 물어볼 수도 있고, 또는 책에 나오는 말 중에 모르는 단어에 관해 물어볼 수도 있습니다. 또 엄마가 책을 읽어주는 동안 아이와 상호작용이 이루어지게 되니 좋은 관계를 유지하는 것에도 도움이 될 수 있습니다.

창의성을 발휘하기 위해 아이들은 자기가 가지고 있는 지식을 연결하고 조합하는 것이 이루어져야 하고 앞에서 다루었던(7장 참조) 작업기억을 활용하는 것이 필요하게 됩니다. 책을 읽을 때, 아이들은 그 이미지를 상상하고 그 과정에서 자신이 원래 알고 있는 것과 새로운 내용이 연결하는 것을 통해 새로운 이미지를 만들어 내는 창조성을 발휘할 수 있게 되는데, 어린아이들은 그런 과정을 위해 같은 책을 여러 번 반복해서 읽어주는 것이 더 좋습니다. 왜냐하면, 아이들이 책을 한 번 읽고서 내용을 정확히 파악하기 어려운 경우도 많고 무엇보다 어린아이들은 어떤 행동을 반복하는 것을 좋아합니다.

아이들은 행동을 반복하는 것을 통해 그 행동에 대한 도식을 만들어가게 되는 것입니다. 따라서 같은 책을 반복적으로 읽으면 아이의 머릿속에 그 책의 내용에 대한 이미지가 그려지고 자기만의 상상의 나래를 펼칠 수 있게 됩니다. 우리가 같은 책을 읽어도 각자가 해석하는 것이 다르고 그리는 이미지가 다르므로 아이에게 책의 문장을 그대로 읽어주고 이해하도록 반복적으로 읽어주는 것이 더 좋습니다.

아이가 잘 이해하지 못하는 책은 아직 아이가 읽기에는 어려운 책일 수 있습니다. 그것을 잘 설명해주면서 이해시키기보다는 몇 달 뒤에 읽어주면 아이가 잘 이해할 수도 있습니다.

아이에게 책을 많이 읽어주는 엄마들의 노력은 사실 아이의 어휘력을 늘리고 나중에 있을 국어시험이나 논술을 대비하기 위함이라고도 합니다. 사실 어휘력을 늘리는 것에는 '책 읽기'가 크게 도움이 됩니다. 하지만 엄마들은 책 읽기도 선행학습의 하나로 생각하면서 책을 읽은 뒤에 아이에게 책의 내용에 대해 세부적으로 질문을 한다든지 또는 육하원칙에 적용한 질문을 마구 던지기도 합니다. 사실 그것은 우리가 대답하기에도 어려운 질문일 수 있습니다. 자기가 관심을 가지고 생각한 부분이 아닌 내용에 대해서는 대답하기 어려울 것입니다.

특히 아이들에게 회상하여 대답하는 것이 어려울 수 있고 그런 과정이 반복된다면 아이가 책 읽기를 재미없고 하기 싫은 활동으로 생각하게 될 수 있습니다. 아이와 함께 독후활동을 하고 싶다면 간단하게 독서록을 만들어 책을 읽은 날짜와 책의 제목을 적고 내용이 재미있었는지 지루했는지 정도를 기록하는 정도로도 충분합니다. 조금 더 하고 싶다면 책의 내용 중에서 마음에 드는 부분이나 기억에 남는 장면을 그림으로 그리거나 마음에 드는 문장을 적어보거나 인상적인 내용을 적어보도록 하면 좋습니다. 그림을 그리는 것을 좋아하지 않거나 아이에 따라서는 책의 내용을 그리는 것을 부담스러워 하는 경우도 충분히 있을 수 있으니, 그냥 자유롭게 이야기를 나누어보는 것도 좋습니다.

가장 중요한 것은 부모가 책 읽는 모습을 보여주는 것입니다. 엄마는 TV보고 아빠는 휴대전화로 게임을 하면서 아이에게 계속 책을 읽으라고 하는 것은 아이가 책 읽기 습관을 만들기 어려운 환경을 제공하는 겁니다. 아이들에게 책 읽는 모습을 보여주기 가장 좋은 환경은 거실을 북카페처럼 꾸미는 것이 가장 좋습니다. TV를 과감히 치우고 거기에 책장을 놓고 각자 자기 책을 꺼내어 읽을 수 있도록 하는 것입니다. 물론 그렇게 할 수 없는 경우도 많습니다. 저 역시도 그러지 못해서 TV 옆에 작은 책장을 두고 아이와 함께 읽을 책을 두고 특별한 일이 없는 한 매일 저녁 아이에게 책을 읽어주고 있습니다. 아이가 그 시간을 굉장히 좋아하기 때문에 일하는 엄마라 미안한 마음을 그것으로 대신하고 있습니다.

창의성은 어떻게 키울까?

참 어려운 질문입니다. 사실 저희는 창의성에 대한 교육을 받아본 적도, 해본 적도 없지 않습니까? 하지만 세계 각국에서는 이미 창의성이 주요 화두이고 그것에 대한 교육이 이루어지고 있습니다. 그것이 얼마나 창의성을 키워줄 수 있을지는 모르지만 어쨌든 그걸 위해 노력하고 실행하고 있는 것에 박수를 보내고 싶습니다. 그렇다면 우리는 아이들의 창의성을 위해 어떤 접근을 할 수 있을까요?

사실 아이들은 자기의 생각을 말로 표현하는 것이 어렵기도 하고 그것을 인식하기 이전에 본능적인 행동으로 먼저 표현되는 경우도 많습니다. 따라서 움직임, 춤, 미술, 놀이 등의 활동을 경험하면서 자신의 느낌을 자유롭게 표현하는 것이 아이의 표현력 증진에 도움이 될 수 있습니다. 그런 다양한 예술 활동은 서로 연계되고 통합되면 더욱 창의성이 증진될 수 있습니다.

따라서 부모는 아이의 행동을 억압하려고 해서는 안 되고 자발적이고 자유롭게 표현할 수 있도록 격려해야 합니다. 그러기 위해서는 자유롭고 허용적인 분위기를 만들어 주어야 하고 아이의 행동에 담긴 메시지를 이해하려는 노력이 필요합니다.

아이들의 미술 활동에서는 뭔가 구체적인 것을 그려내는 것은 어려울 수도 있습니다. 사실 우리도 내가 생각하는 것이나 말하고자 하는 것을 그림으로 그리는 것은 굉장히 어렵지 않습니까? 어쩌면 생각을 그리는 것은 말로 표현하거나 글자로 쓰는 것보다 더 어려울 수도 있습니다. 하지만 아이들은 그림을 그리는 것이 아니더라도 물감이나 다양한 재료를 활용한 퍼포먼스로 표현하는 것은 굉장히 좋아합니다. 그런 경우에는 몸을 사용하는 미술 작업이 더 적절합니다. 물감을 종이에 뿌리거나 손, 발로 찍고 종이에 문지르는 작업을 해볼 수도 있고, 자동차 바퀴로 물감을 칠한다든지 벽에 그림을 그리며 액션을 취하는 등 적극적으로 움직일 수 있는 활동이 어린아이들에게는 더 좋은 자극이 될 수 있습니다.

또 다른 방법으로는 요즘 아이들은 사진을 찍고 동영상을 찍는 것이 매우 익숙합니다. 그리고 자기의 동영상을 보는 것도 굉장히 좋아하지요. 이것을 활용해 간단한 영화를 만들어 볼 수도 있습니다. 처음엔 음악을 틀어놓고 노래를 부르거나 춤을 추거나 율동을 하는 것을 찍어보고 실제 할 때와 내가 한 것을 볼 때 어떻게 다른지, 어떤 것이 마음에 들고 바꾸고 싶은지 이야기해 보고 그것을 다시 적용해보면서 반복해서 다시 동영상을 만들어 볼 수 있습니다.

거기에서 더 확장해보면 아이가 좋아하는 동화 이야기나 자기가 만들어 낸 짧은 이야기에 대한 연기를 해보고, 그것을 촬영해보고 수정해서 재촬영해보고 하는 것이 아이들의 생각을 구체화해서 시각적인 이미지로 표현할 수 있는 멋진 방법이 될 수 있습니다. 이때도 엄마가 리드하여 지시하기보다는 아이가 자신의 느낌을 스스로 표현하도록 적극적으로 격려하는 것이 더 중요합니다.

실생활에서 다양하게 예술을 경험해나가는 것도 좋은 방법입니다. 간식을 먹을 때도 그것으로 재미있는 '푸드 아트'작업을 해볼 수 있습니다. 다양한 과일이나 채소 등을 핑거 푸드로 먹기 좋게 잘라서 먹기 전에 재미있는 이미지를 만들어보면 간식시간이 더 즐거워지겠지요. 또 악기를 배우는 것도 좋은 경험입니다. 악기를 연주하기 위해서는 엄청난 시간과 노력이 투자되어야 하는데, 그 과정이 아이들에게 어려울 수도 있지만, 무언가에 몰두하는 경험, 해냈다는 성취감을 줄 수 있는 멋진 경험이라고 생각합니다. 하나의 악기를 능숙하게 다룰 수 있을 때까지 노력하는 아이는 다른 무언가도 해낼 수 있을 것입니다.

프로그램 09

다르게 보기

엄마와 함께하는 아이 활동

"낙서 놀이"

대학에서 강의하다 보면 혼란스러울 때가 있어요. 학생들은 명확한 답이 나오지 않는 문제에 대해 답답해합니다. 어떠한 문제를 고민해보고 자신의 철학을 개입하여 새로운 결론에 도달하는 열린 교육적 방식을 어려워하기 때문입니다.

아주 어릴 때부터 부모의 손에 이끌려 학원에 다니기 시작했고 부모가 알고 있는 세상을 그대로 알려주는 방식을 많은 부모가 선택하고 있기에, 아이들은 자신이 배우고 경험한 것들 안에 머물며 그 세상 안에 자신을 맞추어 가는 것이 훨씬 쉽고 익숙했습니다. 아이들이 보는 또 다른 세상이 자리할 여백이 없었던 것입니다.

삶의 모든 의미와 방대한 모든 지식이 결국 맥락에 의해 결정되고 또 변한다는 것을 알지 못하는 학생들이 많습니다. 창의성이 자극을 받아 온전한 자신의 잠재력을 발휘할 수 있는 경험을 하지 못했기 때문이지요. 창의성은 다양한 개성들이 존중받고 모든 사람이 특별한 능력을 갖추고 있다는 것을 믿을 때 자라날 수 있습니다. 결국, 부모의 삶에 대한 태도와 세상의 모든 것들을 어떻게 받아들이고 이해하느냐에 아이들의 창의성은 결정된다고 볼 수 있겠지요. 아이들이 궁금해하고 알고 싶어 하며 자신에게 필요해서 무엇인가를 요구하기 전에 부모들은 세상의 좋은 것들을 아이들에게 빠르게 안겨줍니다. 그러나 부모의 관점에서 좋고 즐거운 것이 반드시 아이들에게도 좋고 흥미로운 것은 아닙니다.

'여백의 미'라는 미학적 관점에서 작품 활동을 한 한국의 유명한 화가가 있습니다. 그분이 추구했던 '여백의 미'라는 것은 삶의 많은 부분에 적용이 되고 다양한 의미를 부여할 수 있는 참 좋은 철학이라고 생각합니다. 내 아이에게 '여백'을 주는 것은 무엇일까요? 나는 아이들에게 부모가 의도적으로 주어야 하는 그 '여백'의 의미를 '가능성'이라는 의미로 설명하고 싶어요. 아이들이 자신의 가능성을 알아차릴 수 있도록 스스로 고민하고 노력하는 기회를 주어야 한다고 생각해요. 나에게 필요한 것이 무엇이고, 내가 진짜 원하는 것이 무엇인지 알지 못하는 청소년들과 대학생들이 참 많아요. 간절함이 부재한 삶을 살아왔기 때문이지요.

아이들에게 하얀 도화지와 채색 도구를 주고 '무엇이든 네가 그리고 싶은 것을 그려봐'라고 제시할 때와 '꽃과 나무'를 그려보라고 할 때의 차이가 바로 그것입니다. 아무것도 없는 빈 도화지에 무엇인가를 채우기 위해 생각하고 상상하며 고민해보는 시간이 있지만, 특정한 주제를 주고 그리라고 하는 제시가 반복될 때는 미술이 재미없는 것이 될 것입니다. 하얀 도화지에 아무것도 그리지 않으려고 하고, 그림 그리기를 싫어하는 아이들도 있겠지요. 그런 아이들의 부모님들은 아이들이 아주 작은 무엇인가를 그리기 시작하는 시간까지 충분히 아이의 마음을 이해해주며 기다려주었나요? 하얀 도화지에 아무것도 그리기 싫은 아이의 마음을 존중해준다면 언젠가는 아이가 점 하나, 선 하나를 그리기 시작하고 칭찬받고 지지받는 엄마와 아빠의 반응에 결국 아이는 누구보다 개성 있는 '꽃과 나무'를 그리게 될 것입니다. 아이들의 창의력도 결국 부모의 온전한 이해와 기다림, 그리고 아이에 대한 믿음이 만들어 줍니다.

준비물

흰색 켄트지 2절지 2장 / 연필 / 오일 파스텔

프로그램 실행방법

❶ 고요한 침묵의 환경을 만들어 준다.

❷ 탁자 위에 도화지를 올려놓고 평소에 잘 사용하지 않는 한쪽 손에 연필을 잡는다.

❸ 눈을 감고 무엇인가를 떠올리려고 애쓰지 말고, 무엇인가를 그리려고 생각하지 말고 연필을 쥔 손을 도화지 위에 올려놓는다.

❹ 손이 움직이기 시작하면 자신의 손이 어떻게 움직이는지 손의 움직임을 그대로 느껴본다.

❺ 손이 멈추고 싶을 때까지 계속해서 움직이고 멈추고 싶을 때 멈추고 눈을 뜬다.

❻ 알 수 없는 형상의 낙서가 보일 것이다. 그 낙서를 응시하고 있으면 그 낙서 속에서 무엇인가 연상되는 형상과 이미지가 있을 것이다.

❼ 연상되는 이미지는 반대로 평소에 주로 사용하는 손을 사용하여 오일파스텔로 낙서 위에 선명하게 그려준다.

❽ 눈을 감고 낙서할 때의 느낌은 어땠는지, 떠오른 이미지가 무엇이었고 무엇을 그렸는지 서로 이야기 나눈다.

❾ 그림을 벽에 붙이고 조금 거리를 두고 바라본다.

❿ 자신의 그림이 어떻게 보이는지 말해보고, 추가로 그려주고 싶은 것이 있다면 추가로 그려준다.

⓫ 작품의 제목을 스스로 붙이고 이야기 나눈다.

Key Point 낙서는 무의식의 상징적 표현이다. 내면 깊숙이 자리하고 드러나지 못한 감정들은 무심히 그리는 낙서를 통해 드러나게 된다. 아이들뿐만 아니라 어른들도 아무 생각 없이 팔과 손의 움직임을 통해 그려진 낙서를 통해 자신의 깊은 내면의 세계를 만나볼 수 있다. 전문가의 도움이 있다면 스스로 해석할 수 있는 과정이 쉽게 이루어지겠지만, 아이와 함께 그림을 그리고 아이의 마음을 이해하고자 노력하는 과정을 경험하다 보면 엄마

도 자신의 마음을 느낄 수 있게 된다. 아이가 평소에 오른손을 주로 활용하면 연필로 그리는 낙서는 왼손으로 하게 하고, 평소에 왼손을 주로 사용하면 오른손으로 낙서를 하도록 한다. 엄마도 물론 마찬가지로 적용하도록 한다. 이렇게 하는 이유는 평소에 주로 사용하는 손으로 움직이면 의식이 많이 작용하게 되어 마음을 표현하기보다는 의도적인 그림이 나오기 때문이다. 평소에 사용하지 않는 감각을 활용하는 새로운 경험이 중요하다.

훈육과 체벌

꽃으로도 때리지 말라

Q. '꽃으로도 때리지 말라'는 말도 있는데, 순간적으로 욱해서 아이를 때리고 말았습니다. 아이가 자기 뜻만 고집하고 제 말을 잘 듣지 않는 것이 점점 심해지네요. 때린 것에 대해 죄책감이 들지만, 얘기를 꺼내기는 부끄럽고, 어떻게 해야 할지 모르겠습니다. 규칙을 정해놓고 체벌을 해야 하는 건지 궁금하기도 하고요. 어떻게 해야 할까요?

A. 엄마도 사람이니까 당연히 실수할 수 있습니다. 욱하는 마음으로 자기도 모르게 아이를 때린 것은 당연히 사과하셔야 합니다. 아이는 갑자기 엄마에게 맞아서 상처를 받았을 것이고 상처받은 아이는 마음의 문을 닫을 수도 있으니까요. 아이가 자라면서 고집이 세지는 것도 당연하고 그게 힘들 수는 있지만 그렇다고 해서 아이를 때린 행동이 정당화되지는 않습니다.

자기 뜻을 세우는 것은 자연스러운 성장 과정

고집이 점점 세진다는 것은 자기를 세워가는 과정입니다. 아이들은 자라면서 점점 독립심을 키워가게 되고 그 과정에서 시행착오를 겪어가게 됩니다. 오히려 자기 고집 없이 '의존적인' 아이가 커서 더 적응에 어려움이 있을 수 있습니다. 아이가 "싫어!" "내가 할 거야!"를 너무 많이 한다고 걱정하실 필요가 없습니다. 그것은 지극히 정상적인 성장을 하고 있는 것입니다. 하지만 엄마로서는 자꾸 싫다고 하고 실수를 반복하면서 과정을 더 복잡하게 하는 자기 주도성이 불편하게 느껴질 수도 있습니다. 그래도 기다려주시는 것이 필요할 때입니다.

상처받은 아이 마음 풀어주기

엄마가 욱해서 때리거나 또는 소리를 지르며 아이를 비난했다면 미안한 마음이 들 것입니다. 그것에 대해 사과하는 것을 민망해하거나 부끄러워하지 마세요. 그런 마음이 들 수도 있지만, 그것보다 더 중요한 것은 상처받았을 아이의 마음을 토닥여주는 것입니다. 부끄럽다고 해서 그것을 그냥 지나치게 되면 아이는 무기력해지거나 엄마에게 마음의 문을 닫을 수도 있습니다.

가끔 "우리도 다 맞고 컸어!"라고 큰소리치며 체벌을 정당한 것으로 여기는 부모들도 있습니다. 하지만 그것은 아이에게 상처를 주는 것입니다. 또 더 문제가 될 수 있는 것은 맞은 아이가 학교나 유치원에서 친구를 때리게 될 수도 있다는 것입니다. 바로 부모의 행동을 모델링하게 될 수 있습니다. 따라서 아이가 잘못된 행동을 해서 바로 잡아야 한다고 하더라도 때리는 것보다는 좋아하는 것을 할 수 없게 하는 등의 벌을 주는 접근법을 사용하시는 것을 권합니다. 아이가 모아놓은 칭찬스티커 중에 5개를 다시 돌려받는다든지, 좋아하는 TV 시청을 며칠 금지한다든지 하는 것이지요.

chapter

10

육아에 정답은 없다

나와는 너무 다른 내 아이

내 아이를 객관적으로 보기는 쉽지 않습니다. 그리고 아이들도 엄마에게 하는 행동과 유치원, 친구들과 있을 때 하는 행동이 많이 다르기도 하고요. 그래도 우리는 엄마이고 내 자식을 수용해야 합니다.

엄마가 행복해야 아이도 행복할 수 있다

엄마 노릇이 참 어렵게 느껴지는 이유는 무엇일까요? 아마 '우리 아이에 대해 잘 모르기 때문은 아닐까'라고 생각합니다. 아이는 나와 같은 것 같지만 다른 부분도 많습니다. 내가 분명 엄마고 아이에 대해 잘 알고 있다고 생각했는데, 가끔 아이의 반응이 당황스럽고 어떻게 대처해야 할지 모를 때도 참 많습니다. 그래서 이렇게 해보고 저렇게도 해보면서 어떻게 해야 하는지 차차 알아나가게 됩니다. 이런 시행착오를 통해 점점 적응해 나가면서 아이는 자라게 되는 것입니다.

저는 엄마의 기대치에 100% 부응하는 아이는 없다고 생각합니다. 사실 아이가 건강한 것만으로도 감사해야 하는 일입니다. 하지만 엄마들은 이것도 저것도 모두 잘하는 엄친아를 기대하고, 그런 기대는 아이까지 불행하게 만들 수 있습니다. 그러지 않기 위해서는 우리 아이가 어떤 아이인지에 대한 객관적인 이해가 필요합니다.

내 아이를 객관적으로 보기는 쉽지 않습니다. 그리고 아이들도 엄마에게 하는 행동과 유치원, 친구들과 있을 때 하는 행동이 많이 다르기도 하고요. 그래도 우리는 엄마이고 내 자식을 수용해야 합니다. 아이를 객관적으로 파악하지 못하더라도 아이를 있는 그대로 수용하고, 바꾸려고 하지 않으려는 마음이 필요합니다. 귀한 내 자식을 왜 남의 집 자식과 비교하면서 깎아내리려고 하나요? 우리 아이는 그대로 장점이 많으니 그것을 토대로 건강하고 행복하게 자라도록 해주면 됩니다. 아이들은 잘 자고, 잘 먹고, 잘 놀면, 잘 큽니다.

앞에서 언급되었던 아이들을 예로 들자면, 예민하고 소심한 아이는 아마 감각이 섬세하고 신중한 성격을 가졌을 것이고, 욱하는 아이는 에너지가 많아 그 에너지를 자기의 관심 분야를 탐색하는 쪽으로 승화시킬 수도 있을 것입니다. 또 산만한 아이는 호기심이 많고 새로운 자극을 선호하는 것으로 볼 수도 있고, 조용한 아이는 내성적이어서 자신의 내면에 더 에너지를 집중할 수 있는 강점을 가진 것입니다. 이렇게 아이들은 모두 자신만의 창조성을 가지고 있고 그것이 아이의 생활 원동력이 되는 것이라고 볼 수 있습니다.

따라서 아이의 개인적인 특성을 문제로 여기지 말고 그것을 아이만의 고유한 재능으로 보아야 합니다. 아이들은 모두 자신만의 재능을 가지고 있는데 스스로 그것을 발휘할 힘을 키워줘야 합니다. 그러기 위해 아이를 잘 관찰하는 것이 필요합니다. 그것은 아이의 존재 그 자체, 그리고 아이만의 고유함이 인정받는 것에서 시작된다고 생각합니다.

부모가 기대했던 것과 아이가 다르다고 해서 아이의 개성을 억눌러버리면 아이는 자신의 우주인 부모에게서 자기 존재를 부정 받게 됩니다. 그러면 아이는 존재의 의미를 잃어버리게 될 수도 있습니다. 따라서 아이를 평가하지 말고 있는 그대로 바라봐 주어야 합니다. 아이가 무언가 하려고 할 때 지지받지 못하고 부정적인 평가를 받게 되면 아이는 부정적인 자아상을 형성하게 됩니다. 반대로 엄마가 수용적이고 지지적인 태도를 보이면 아이는 자신감을 토대로 소신 있게 행동할 수 있을 것입니다.

아이가 하는 행동 중에서 노력이 더 필요한 일에 칭찬을 해주면 어떤 일이 벌어질까요? "지퍼 잠그기가 어려운데 혼자 하려고 열심히 하는구나"라고 하면 아이는 더 잘하고 싶어서 더욱더 노력하는 모습을 보일 것입니다.

아이의 자존감을 지키기 위해서 아이를 소중하게 대해야 합니다. 같은 성격이라도 부모의 반응에 따라 자라면서 다르게 발현될 수 있습니다. 물론 어린 시절이 불우했지만, 역경을 극복하고 열심히 살아가는 훌륭한 사람도 많습니다. 하지만 아이가 행복한 인생을 살아가기를 바란다면 부모로서 아이의 존재를 인정해주고 축복해주는 것이 아이의 행복을 위하는 길입니다. 그러기 위해서 열린 마음을 가지고 아이를 바라보아야 합니다. 아이에게 말하는 것보다는 잘 들어주려고 노력해야 합니다. 그래야 아이도 다른 사람의 말을 잘 들을 수 있습니다.

아이를 키우면서 힘든 순간이 많지만 '내 아이의 행복'을 위해 '이 또한 지나가리라'를 되새기며 버텨주는 엄마가 됩시다. 그러기 위해 엄마도 자신을 돌보아야 하고 아이 먹이고 재우는 것만큼 자신이 먹고 자는 것도 신경을 써야 합니다. 이 부분은 사실 엄마들이 많이 간과하는 부분입니다. 아이를 소중하게 대하기 위해서는 자기 자신도 소중히 대할 줄 알아야 합니다. 아이가 먹는 것, 입을 것, 자는 것에는 신경을 기울이지만 자기 밥은 제대로 못 챙겨 먹기도 하고 엄마 옷 사는 것에는 돈이 써지지 않기도 합니다.

또 아이가 잠들고 나면 이제야 얻은 자유 시간에 밀린 집안일에 인터넷이나 TV도 봐야 하고, 그러다 보면 금세 자정이 넘어갑니다.

제 경험상 아이들을 재우면서 같이 잠드는 것이 아침에 제일 개운합니다. 밀린 설거지는 개운한 아침에 해도 되더라고요. 아이가 사춘기를 지나 더는 엄마 손이 필요하지 않을 때가 되면 또 서운한 마음이 들 테니, 그때까지 엄마 역할을 다하기 위해 모두 힘을 냅시다.

충분히 좋은 엄마

누구나 좋은 엄마가 되고 싶을 겁니다. 하지만 "나는 좋은 엄마예요"라고 자신 있게 말할 수 있는 사람은 얼마나 될지 모르겠습니다. 우리는 좋은 엄마라고 하기에는 스스로 부끄럽고 부족하지만, 사실은 모두 '충분히 좋은 엄마'입니다. 저는 'Good enough mother'란 말이 참 좋습니다. 누구나 좋은 엄마가 되고 싶지만 잘 안 되고, 그래도 나름대로 노력하면서 엄마 노릇을 하고 있는데, 그런데도 참 마음대로 되지 않습니다. 그렇지만 아이에게는 세상에서 하나뿐인 우리 엄마이지 않습니까? 나는 실수투성이고 화내고 소리치는 엄마인데도 우리 아이들은 고맙게도 "우리 엄마가 최고야!"라는 입장에 크게 변함이 없습니다.

이 '충분히 좋은 엄마'라는 말은 정신분석가인 도널드 위니캇이 제안한 개념입니다. 이것은 아이에게 편안함과 위안을 주는 Holding Environment(안아주기)를 제공해주는 어머니를 의미합니다. 유아에게 최적의 편안함과 위안을 주는 어머니, 즉 안아주는 환경을 제공해주는 어머니를 뜻 합니다(정신분석용어 사전, 2002. 8. 10., 미국 정신분석학회, 이재훈).

위니캇의 이론에서 아기들이 두 돌 이전에는 엄마를 좋은 엄마와 나쁜 엄마로 분리합니다. 좋은 엄마는 젖을 주고 양육을 제공하는 엄마, 나쁜 엄마는 자신의 요구를 들어주지 않는 엄마입니다. 그리고 이후 성장해나가며 5세까지 좋은 엄마와 나쁜 엄마를 통합하게 됩니다. 그것이 결국 하나의 엄마라는 것을 이해해나가는 과정을 굉장히 중요하다고 여깁니다. 이 통합을 이루지 못한 사람은 이후에 병리적인 인격을 가지게 된다고 보고 있습니다. 그렇다면 나쁜 엄마는 왜 있어야 할까요? 이것은 아이들이 살아가면서 경험하는 좌절을 겪어낼 힘을 길러야 하므로 필요합니다. 그렇다고 일부러 나쁜 엄마가 될 필요는 없습니다. 그냥 '있는 그대로의 엄마'를 보여주면 되는 겁니다. 계속 '좋은 엄마'가 되기 위해 헌신하고 잘해주다가 지쳐서 나중에 포기하는 것이 더 안 좋은 결과를 초래합니다. 그냥 평상시 내 모습 그대로 아이를 대하면 그걸로 '충분히 좋은 엄마'가 되는 겁니다.

위니캇이 말한 바로는, 엄마는 자신의 사적이고 자연스러운 모성본능에 따름으로써 '충분히 좋은' 엄마가 된다고 하였습니다. 어째서 이렇게 부족한데도 충분히 좋은 엄마가 된다고 하는 것일까요?

엄마는 최선을 다해 아기에게 잘 해주려고 합니다. 아기가 어렸을 때는 배고픔과 기저귀, 졸음 정도로 단순했던 요구에 빠르게 응답해주는 엄마였다 할지라도, 아이가 자라면서 점차 다양한 요구를 하게 되고 그것을 미처 알아차리지 못하게 되기도 합니다. 또는 집안일이나 다른 일로 아이의 요구를 바로 해결해주지 못하는 순간도 생기게 됩니다. 그때 아기가 자신의 욕구가 곧바로 충족되지 않는 상황에 대해 좌절하면서 아이는 스스로 자신을 조절하는 방법을 터득해 나가게 됩니다. 그러는 과정에서 자신의 불안을 해소하는 '중간대상'을 활용하게 됩니다.

요즘은 애착 인형이라는 이름으로 보드랍고 푹신한 질감의 인형을 판매하기도 합니다. 아이들이 애착을 갖는 인형이나 담요를 심리학에서는 '중간대상'이라고 부릅니다. 중간대상이라는 것은 어린아이가 엄마와의 애착 관계를 상징화하는, 엄마와의 분리 상황이라든지 스트레스 상황에서 보드라운 촉감에서 위안을 얻고 그것을 중간 매개체로 사용한다고 해서 붙여진 이름입니다. 중간대상은 애착을 위로하기 위해 사용되고요. 서양에서는 아기 때부터 아이들이 혼자 자는 경우가 일반적이기 때문에 잘 때 많이 이용하게 되고, 이것을 장려하기도 한다고 합니다. 우리나라에서는 함께 잠을 자는 경우가 더 보편적이기 때문에 중간대상이 없는 아이들도 많이 있지만, 이것은 사실 유아의 창조력을 발휘하는 멋진 존재라고 생각됩니다.

중간대상은 아이가 엄마와의 관계를 상징하여, 그것을 통해 마음에 위안을 얻고 다시 그것으로부터 주변을 탐색할 힘을 얻게 됩니다. 아이들은 담요를 안고 빨거나 이야기하기도 합니다. 따뜻함을 주는 대상에게 엄마를 투영하는 셈입니다. 이러한 조절 전략을 사용해 아이는 스스로 좌절에 대처하는 자신만의 적응기제를 발달시키게 됩니다.

사실 완벽한 환경이라는 것은 존재하지 않습니다. 완벽한 환경에서 자란 아이는 마치 모든 것이 조절되는 인큐베이터에서 가만히 누워 숨만 쉬면 되는 아이가 되겠지요. 그런 아이가 세상을 살아나갈 수 있을까요?

그렇지 않습니다. 아이가 세상에서 살아갈 수 있으려면 완벽한 환경이 필요한 것이 아니라, 아이가 감내할 수 있는 적절한 수준의 좌절이 필요한 것입니다. 엄마가 모든 것을 해주는 것은 아이의 손과 발을 사용하지 못하게 할 수 있습니다. 아이들에게는 자신만의 방법으로 탐색하고 경험해나갈 힘이 충분히 있습니다. 따라서 아이가 스스로 하도록 엄마는 한 발자국 뒤에서 지켜봐 주고 힘들 때 기댈 수 있는 버팀목이 되어주면 됩니다.

아이와 좋은 관계 맺기

아이와 좋은 관계를 맺는 것은 아이가 행복한 아이가 되는 데 필요한 필수조건이라고 생각합니다. 가장 중요한 것은 기본적인 것에 충실해야 하겠지요. 아이의 생활에 대해서는 규칙적인 일상생활로 안정감을 제공하고, 또 아이가 먹는 것을 잘 챙기고 그때그때 아이 몸 상태에 따라 컨디션도 잘 조절해 주는 것이 필요합니다. 이것이 가장 중요하다고 생각됩니다. 기본적인 돌봄을 잘 제공해주면서 아이에게 관심을 가지고 지켜봐 주면 아이와 편안한 관계를 맺을 수 있을 겁니다.

아이와의 좋은 관계를 위해 지켜야 할 원칙들이 있습니다. 일단 양육을 함에 있어 항상 일관성 있는 양육 태도를 보여야 합니다. 이것은 누구나 알고 있지만 가장 지키기 어려운 것이기도 합니다. 왜냐하면, 육아는 매일매일 '비상'상황에 맞닥뜨리게 되기도 하고 상황에 따라 유연하게 적응해야 하는 경우도 생기기 때문입니다. 따라서 일단 원칙을 정해 일관적으로 적용을 하되 가끔 발생하는 '예외' 상황에 대해서는 아이에게 양해를 구하거나 미리 설명하는 것이 필요합니다. 그래야 아이가 헷갈리지 않고 이해할 수 있습니다.

● 아이를 칭찬하거나 나무랄 때도 조심해야 합니다. 열 번 중의 아홉 번을 잘해도 한 번 화내면 좋은 관계에 금이 갈 수 있습니다. '칭찬이야 많이 해주면 좋지'라고 생각하고 이것저것 칭찬하는 것은 아이에게 독이 될 수 있습니다. 그냥 막연히 "잘했어"라고 칭찬하는 것은 아이에게 좋은 칭찬이 되지 않고 실패에 대한 두려움을 가지고 새로운 것에 도전하지 않는 아이로 만들 수도 있는 위험한 칭찬입니다.

● 칭찬할 때는 '아이가 노력한 것'에 대한 칭찬을 해야 합니다. 우리가 흔히 하는 실수는 아이가 만든 결과물에 대해 칭찬을 하는 것입니다. 결과물이 어떻든 아이가 노력한 바에 대해 "열심히 했네. 대단해"라고 칭찬해야 합니다. 무언가 지적할 때에도 잘못된 행동에 대해서만 언급해야 합니다. "너는 애가 왜 그러니? 동생도 안 그러는데" 등의 비난이나 비하하는 발언은 절대 하지 않도록 해야 합니다. 아이가 잘못한 행동에 대해서 "의자를 발로 차는 것은 나쁜 행동이야. 그렇게 하면 안 돼"라고 단호하고 얘기해야 합니다. 엄마가 화가 났다고 해서 아이를 소중하게 대하지 않으면 아이는 엄마가 더 나를 좋아하지 않는다고 생각할 수도 있으니 지적을 할 때는 특히 더 주의해야 합니다.

● 아이에게 이중 메시지를 보내선 안 됩니다. 엄마가 화가 났으면서 아이에게 "괜찮아"라고 말하는 것은 아이를 더 불안하게 하는 것입니다. 엄마가 화가 났으면 "엄마가 OO 때문에 화가 났어. 그러니까 그렇게 하지 말자"라고 솔직하게 말하는 것이 건강한 의사소통 방법입니다. 이중 메시지를 보내는 것은 아이를 혼란스럽게 하는 것입니다. 엄마의 얼굴은 화가 났는데, 괜찮다고 하는 것은 엄마의 상태를 정확하게 알 수 없고 따라서 어떻게 해야 할지 모르는 상황에 놓이게 되는 것입니다. 그러므로 아이에게 솔직하고 정확하게 이야기하는 것이 좋습니다.

● 아이의 행동 한계를 설정해주어야 합니다. 아이를 수용적으로 키운다고 해서 아이가 하고 싶은 대로 하도록 두는 것은 아닙니다. 그것은 수용이 아닌 '방임'입니다. 어떤 것을 스스로 할 수 있고, 어떤 것은 해서는 안 되는 행동인지 정확하게 알려주어야 아이가 불안하지 않고 할 수 있는 것 중에 하고 싶은 것을 선택해서 할 수 있습니다.

● 아이의 말에 귀를 기울여야 합니다. 그래야 아이가 지금 원하는 것이 무엇이고 힘든 것이 무엇인지 알 수 있습니다. 그것을 해결해주어야 하는 것이 아니라 그 이야기를 들어 주어야 한다는 것입니다. 아이가 자기의 필요와 어려움을 스스로 해결할 수 있도록 먼저 이야기를 듣고, 그래서 어떻게 하고 싶은지, 도움이 필요한지 스스로 해결할 것인지, 도움이 필요하다면 어떤 도움이 필요한지 이야기를 나누어보아야 합니다.

마지막으로 조건 없이 사랑해야 합니다. 부모 자녀 관계는 다른 관계와 전혀 다른 '조건 없이 주는 사랑'입니다. 사실 우리가 모두 실천하고 있는 것 같지만 그렇지 못할 때도 많습니다. 우리는 우리가 바라는 대로 아이가 해주기를 바라기도 하고, 그렇지 못한 것에 대해 질책하기도 하기 때문입니다. 하지만 아이를 행복한 아이로 키우기 위해서는 아이를 있는 그대로 받아들여야 합니다. 그래야 아이가 진정한 자기로 살아나갈 수 있고 자기의 역량을 펼칠 수 있는 것입니다. 따라서 아이에게 엄마나 아빠가 원하는 바를 지시하는 것이 아니라 아이가 스스로 자기 인생을 꾸려갈 수 있도록, 스스로 살아갈 수 있는 환경을 제공해야 합니다. 거창하게 독립을 시키라는 것이 아닙니다. 자기 일은 자기가 스스로 할 수 있도록 해주고 기다려주자는 이야기입니다.

우리나라 아이들은 유치원에 갈 때까지 엄마가 깨워서 밥 먹여주고 옷도 입혀주고 세수도 시켜주고 머리도 묶어주는 것이 너무 흔한 일입니다. 이것은 아이가 스스로 살아갈 수 있는 환경을 제공하는 것이 아닙니다. 적어도 엄마가 "일어나"라고 하면 스스로 일어나서 차려주는 밥을 스스로 먹고 옷도 스스로 입게 하자는 것이지요. 그래야 아이도 독립된 인격체로 스스로 인식할 수 있게 되는 것입니다.

워킹맘과 애착 형성

맞벌이 가정이 늘어나면서 많은 엄마가 고민하는 문제입니다. 저도 그런 고민을 했었기에 그 마음이 어떤지 잘 알 것 같습니다. 엄마가 일한다고 해서 아이와 애착이 불안정하게 형성되지는 않으니 걱정하지 않아도 됩니다. 엄마가 다른 사람에게 아기를 맡기는 것에 대해 죄책감을 느끼는 것은 엄마에게도 그렇지만 아이에게도 좋지 않습니다. 중요한 것은 엄마가 아이와 함께 있을 때 얼마나 아이에게 집중하며 이야기하고 안아주는가입니다.

"그래도 세 살까지는 엄마가 키워야지"라고 법륜스님도, 옆집 아줌마도 이야기합니다. 우리도 일해야 하는데 3년 동안 육아를 하고 나면 '경단녀(경력단절녀)'가 되어 재취업도 쉽지 않습니다. 하지만 이 말에는 그럴만한 이유가 있습니다. 바로 아이들의 발달과정 때문입니다. 아이들이 엄마와 함께 있지 않아도 엄마가 다시 돌아온다는 것을 인지할 수 있는 시기가 18~36개월입니다. 이를 '대상 영속성'이라고 하는데, 대상 영속성이 아직 발달하지 못한 어린아이들은 눈에 보이지 않는 것이 계속 존재한다는 생각을 하지 못하기 때문에 엄마와 떨어져 지내는 것이 매우 불안하게 느껴집니다.

따라서 아이를 맡길 때는 엄마가 입었던 잠옷이나 티셔츠로 아이를 감싸주면 아이가 엄마 냄새를 맡음으로써 아이의 불안을 감소시킬 수 있습니다. 또한, 엄마의 불안한 마음을 아이도 그대로 느끼기 때문에 주 양육자를 잘 선택해서 편안한 마음으로 믿고 맡길 수 있어야 합니다.

사실 워킹 맘도 충분히 안정된 애착을 형성할 수 있습니다. 아이가 안정된 애착을 형성하기 위해서는 주 양육자가 바뀌지 않는 것이 중요합니다. 그러기 위해서 주 양육자는 일관성을 가지고 민감하게 아이를 돌볼 수 있는 사람이 좋습니다. 주 양육자가 자주 바뀐다면 아기가 안정된 애착을 형성하기 어려우므로 아이의 정서뿐만 아니라 발달에도 나쁜 영향을 끼치게 됩니다. 아이가 함께 많은 시간을 보내는 주 양육자를 엄마보다 더 좋아할 수도 있습니다. 그래도 걱정할 필요는 없습니다. 엄마가 엄마라는 것을 아기도 압니다. 아기들이 엄마 배 속에 있을 때부터 엄마의 목소리를 듣고, 엄마의 냄새로 엄마를 구별하기 때문입니다. 그러므로 주 양육자가 엄마가 아니더라도 되도록 밤에 잘 때는 엄마가 데리고 자는 것이 좋습니다. 또한, 다양한 감각을 통해 세상을 인식하는 시기이므로 함께 목욕하고 로션이나 베이비오일로 마사지를 해주는 것도 아이와 안정된 애착을 형성하는 것에 도움이 됩니다.

아기들은 주 양육자와의 반복적인 경험을 통해 주 양육자를 확실히 구별할 수 있게 되고, 이를 통해 애착이 발달하게 됩니다. 애착이 형성되면서 아기는 부모의 기대, 선호도, 표정과 정서적인 톤을 배우고 따라 하게 됩니다. 아이가 애착 형성이 되었다는 것을 보여주는 특징으로는 엄마를 보고 다른 사람과 구별된 반응은 보인다든지(사회적인 미소), 소리를 내어 옹알이하거나 팔을 뻗어 안아달라는 반응을 보이는 것을 볼 수 있습니다. 그리고 엄마도 아기를 그냥 쳐다보기만 하는 것이 아니라 함께 소리를 내고 아기의 소리에 같은 소리로 반응해주거나 장난감을 흔들어 주는 것 등으로 아기와의 상호작용을 시도할 수 있습니다(임상을 위한 아동발달/ 하나의학사).

아이와 함께 있는 시간은 짧지만, 아이와 친밀한 관계를 맺고 싶은 마음은 누구나 같은 겁니다. 그러려면 아이와 함께 있는 시간 동안 온전히 아이에게 집중해야 합니다. 따뜻한 말과 웃는 얼굴로 아이를 사랑해준다면 아이에게 안정감을 제공하는 좋은 엄마가 될 수 있습니다.

엄마가 일하는 것은 문제가 되지 않습니다. 그런데 퇴근하고 집에 와서 피곤하다는 이유로 우는 아이를 안아주지 않거나 아이에게 말을 걸지 않는다면 그것은 정말 큰 문제입니다. 이 시기의 아이들은 엄마와 자기를 분리해서 인식하지 못하고, 주 양육자가 제공하는 양육을 자신의 능력이라고 생각합니다. 필요한 것을 제공받지 못한 아이는 열등감을 가지고 세상에 대한 불신을 갖게 될 수도 있으므로, 이것은 정서적 방임입니다. 아이가 원하는 것을 원하는 때에 제공해주고, 옹알이나 울음으로 뭔가를 표현하고자 할 때 공감해주고 안아준다면 워킹 맘도 '충분히 좋은 엄마'가 될 수 있습니다. 아이의 생애 초기의 정서가 즐겁고 행복해야 세상에 대해 긍정적인 이미지를 갖게 될 것입니다.

프로그램 10

엄마의 자존감 높이기

엄마 활동

"자화상 작업"

아이들이 어릴 때 엄마는 양육과 교육에 온 마음과 에너지를 쏟게 됩니다. 조건 없는 사랑을 주는 존재는 이 세상에 유일한 '엄마'뿐이지요. 내 몸 안에서 나온 새로운 유기체를 성장시키는 그 책임은 세상 그 무엇과도 비교할 수 없는 가치 있는 일입니다. 그러므로 엄마는 아이가 건강하고 행복하게 자라게 하려고 최선을 다합니다. 그런데 아이를 키우는 일에 가장 집중하는 그 시기가 엄마 자신의 존재감과 정체성은 가장 약해지는 시기이기도 합니다. 자연스러운 현상입니다. 그래서 가끔 엄마는 육아에 지쳐 혼자서 온전히 쉬고 싶기도 하고 어디론가 떠나보고 싶은 욕구도 생기지요. 이처럼 삶의 균형을 잡기란 참 어려운 일입니다.

그러나 우리는 더 나은 내가 되고, 더 나은 삶을 살기 위해 매일 노력하면서, 그렇게 성장하면서 사는 것이 우리 자신을 사랑하며 사는 일이라고 생각합니다. 육아에 집중하는 시기에도 엄마는 삶의 균형을 이루기 위해 노력해야 하고, 노력하는 그 시간이 결국, 더욱 지혜롭게 아이를 사랑하는 현명한 엄마로 만들어 줄 것입니다.

아이를 사랑하는 방법이 옳은 것인가에 대한 검토도 자주 필요합니다. 내가 가진 삶에 대한 관점과 아이를 바라보는 시선, 그리고 나 자신을 다시 객관적으로 바라보는 태도를 가져야 합니다. '충분히 좋은 엄마'의 역할은 엄마이기 전에 '나' 자신을 소중히 대해주고 사랑해주는 엄마로부터 시작하기 때문입니다. 아이들에게 사랑을 쏟는 엄마이기 전에 자신을 사랑하는 모습, 자신을 돌보는 모습을 아이들이 보고자란다면, 아이들도 자신을 사랑하는 방법을 자연스럽게 터득하게 되겠지요. 육아에 집중하는 시기는 그러한 어려움으로 인해 건강한 나르시시즘도 약해지는 시기입니다. 하지만 그러한 상황에서도 조금만 노력한다면 충분히 나를 지지해 줄 수 있습니다.

당신은 어떤 '훌륭함'을 가졌나요? 잠시라도 혼자 있는 시간이 주어진다면 밀린 집안일을 잠시 더 미루고, 일상의 고단함에 가려진 '나의 훌륭함'을 탐색해 보고 다시 인식해보는 시간을 가졌으면 좋겠습니다.

준비물

흰색 켄트지 8절지 / 콩테 연필 또는 4B연필 / 지우개 / 색연필 / 스카치테이프 또는 마스킹테이프

추천음악

엘가-사랑의 인사

프로그램 실행방법

❶ 음악을 틀고 식탁 위에 도화지와 연필을 올려놓고 눈을 감는다.

❷ 눈을 감고 나에 대해 생각하고 집중해 본다.

❸ 나의 '훌륭함'은 어떤 것이 있는지를 생각해본다(남다른 좋은 점, 나만의 강점, 나 스스로 칭찬해 주고 싶은 좋은 마음 등).

❹ 생각이 났다면 눈을 뜨고 도화지에 자화상을 그리기 시작한다.

❺ '나의 훌륭함'을 상징적인 이미지로 표현해 본다.

❻ 색깔을 넣고 싶다면 색연필을 추가로 사용하여 표현해 본다.

❼ 그림이 완성되면 내가 자주 바라볼 수 있는 공간에 붙인다.

❽ 나의 자화상에 제목을 붙여주고 지금 나의 기분이 어떤지, 그림을 그리기 전과 후의 감정을 비교하여 느껴본다.

Key Point 오랜만에 아름다운 음악을 들으며 연필을 손에 잡은 느낌만으로도 행복할 것이다. 특히 콩테 연필로 그림을 그리면 느낌도 좋지만, 미적인 효과가 높아서 만족도가 높을 것이다. 콩테 연필을 사용할 때는 연필의 각도를 다양하게 하고 스케치를 하는 방법도 다양하게 시도해 볼 수 있다. 선을 그리고, 손가락으로 부드럽게 문질러 주면 번지는 듯 보이는 효과가 있어 아름답게 보인다.

연필로 도화지 위에 조금 낙서만 해보아도 잠자고 있던 창의력과 미적 감각이 새롭게 내 안에서 꿈틀거리는 것을 느낄 수 있다. 새로운 감각이 열리면 설레는 마음이 생기고 편안해진다. 자화상은 반드시 얼굴을 그려야 하는 것이 아니다. 한 송이 꽃을 나의 자화상으로 표현할 수도 있고, 나와 닮은 풍경이 될 수도 있고, 나를 생각하면 떠오르는 반짝이는 별이나 우뚝 선 나무가 될 수도 있다. 또는 추상적인 이미지로 표현해도 좋다. 짧지만 나를 만나는 그 시간이 다시 나를 사랑하는 힘을 만들어 줄 수 있다. 이 세상에 온 선물, 축복 같은 내 아이도 오늘따라 더욱 사랑스럽게 느껴질 것이다.

육하칼럼

동생이 생긴 언니

엄마 뱃속으로 들어가고 싶어요

Q. 어느 날 아이가 어린이집에 다녀와서 "엄마, 나도 정아처럼 진짜 동생이 있었으면 좋겠어"라고 진지하게 말했습니다. 그전까지는 아기인형에 이름을 붙여 부르며 자기 동생이라고 했거든요. 우여곡절 끝에 아이는 진짜 동생을 갖게 되었습니다. 막상 진짜로 동생이 생기니 기대했던 것만큼 행복해하지는 않습니다. 엄마가 아이를 안아주면 자기도 안아달라고 엉엉 울기도 하고, 동생에게 자꾸만 "내 엄마야! 너는 아빠 딸이야"라고 말하는 아이를 보면 어떻게 해주어야 할지 참 난감합니다. 둘 다 내 딸인데 동생을 안아주지도 못하게 하는 아이를 어떻게 설득해야 할까요?

A. 많이 고민이 될 것 같습니다. 첫째는 첫째대로 그동안 키우면서 정도 많이 들고 처음 부모가 되어 시행착오를 겪으며 애지중지 키운 자식이고, 둘째는 첫째를 키우느라 제대로 된 태교는커녕 태어나고 나서도 엄마 품을 독차지하지 못하는 서러운 신세인데 누굴 생각해도 짠한 마음이 드는 것이 다둥이 엄마겠지요. 혼자 외로울 아이를 생각해서, 또 더 큰 행복을 꿈꾸며 낳은 둘째가 첫째에게 스트레스 요인이 되는 것은 매우 속상하시겠지만, 아이의 처지에서는 다 맞는 말입니다.

엄마 뱃속으로 다시 들어가고 싶어요

제가 둘째를 임신하고 낳는 동안 저희 첫째가 했던 말 중에 가장 인상적이었던 말입니다. “나도 엄마 뱃속에 들어가고 싶어.” 자기가 세상에서 제일 사랑하는 엄마의 뱃속에 다른 아이가 들어가 있는 것이 너무 샘났던 모양입니다. 아이들이 어렸을 때는 뱃속의 태아 시절을 기억하는 아이들도 있다고 보고되고 있지만, 그것보다는 아마도 가장 안전하고 따뜻한 엄마의 품에 있고 싶은 마음을 표현한 것이겠지요. 저는 임신 막달에 옆으로 누워서 자던 것을 떠올리고 옆으로 누워 다리를 웅크리고 배와 다리 사이의 공간에 아이를 쪼그리고 눕게 해서 이불로 덮어주면서 뱃속이라고 얘기해주었더니 아이가 굉장히 좋아했던 기억이 납니다.

둘만의 시간을 만들어보세요.

아이의 말대로 엄마는 원래부터 ‘나의 엄마’ 그리고 ‘나만의 엄마’였습니다. 동생이 태어나기 전까지는 말이지요. 그런데 동생이 태어난 뒤에는 엄마는 일단 아기를 돌보는 일이 최우선이 되고 맙니다. 아이로서는 원래 엄마에게 1순위는 항상 나였는데 그 자리를 빼앗겼다는 생각이 들 수 있습니다. 오죽하면 심리학자 아들러는 출생순위 이론에서 첫째를 ‘폐위된 왕’에 비유하기도 했습니다. 부모의 관심과 사랑을 받다가 동생에게 빼앗긴 관심을 되찾기 위한 노력으로 성실함과 책임감이 길러질 수 있으나, 반면에 동생을 잘 보살펴야 한다는 기대감으로 권위적이거나 지배적인 성격이 발달하기 쉽다고 하였습니다.
그런 첫째에게 가장 필요한 것은 엄마와 둘만의 시간을 보내는 것입니다. 주말에 아빠나 할머니에게 둘째를 잠깐 맡기고 둘이 놀이터에 다녀온다든지 좀 더 여유가 된다면 아이가 가고 싶은 놀이동산이나 키즈 카페에 가는 것도 좋습니다. 원래 내 엄마였던 엄마를 누릴 수 있는 시간을 충분히 준다면 아이도 더는 엄마를 뺏겼다는 생각을 하지 않을 것입니다.

동생 돌보는 일을 함께 해보세요.

또 동생을 받아들이는 것에 도움이 될 방법으로는, 아기 돌보기에 첫째 아이를 동참시키는 것입니다. 엄마가 아기를 돌보는 것은 아기가 스스로 신변처리를 할 수 없고 누군가가 돌보아줘야 한다는 것을 알게 하고, 또 자신이 스스로 동생을 돌보는 것을 통해 동생에 대한 애정이 싹트는 것을 기대할 수 있습니다. 간단하게는 기저귀가 젖으면 새 기저귀를 갖다 달라고 요청한다든지, 또는 아기가 똥을 쌌을 때 "비상~ 비상~ 아기 똥~"이라고 외쳐달라고 하면 아주 재미있는 놀이가 될 수 있습니다. 갓난아기가 좀 더 크면 우유를 먹이거나 앞에서 딸랑이를 흔들어 줄 수도 있겠지요. 얼른 커서 둘이 놀 날을 기대하면서 오늘도 파이팅을 외쳐봅니다.

초판 1 쇄 2019년 10월 8일
지 은 이 _ 홍지영, 윤나라
펴 낸 이 _ 김현태
디 자 인 _ 디자인 창(디자이너 장창호)
펴 낸 곳 _ 따스한 이야기
등 록 _ No. 305-2011-000035
전 화 _ 070-8699-8765
팩 스 _ 02- 6020-8765
이 메 일 _ jhyuntae512@hanmail.net

따스한 이야기 페이스북
https://www.facebook.com/touchingstorypublisher

따스한 이야기는 출판을 원하는 분들의 좋은 원고를
기다리고 있습니다.

가격 14,000원

※ 이 도서는 한국출판문화산업진흥원의
'2019년 출판콘텐츠 창작 지원 사업'의 일환으로
국민체육진흥기금을 지원받아 제작되었습니다